건강식품 시리즈 3

콩 가공식품

저자의 글

우리는 콩으로 두부, 콩국(두유), 콩나물, 숙주나물, 장류 등을 만들어 옛날부터 먹어 온 조상들로부터 전해온 전통식품이 있다. 콩 속에는 다른 식품성 식품에 비교하여 단백질을 많이 함유하고 있어 식물성 육류라고도 한다.

현재 콩 원료를 이용하여 두유, 건조두유, 70% 단백대두분, 대두단백커드, 분리한 대두단백, 대두단백분, 대두단백질, 대두단백섬유 등을 제조해 인조육을 만들고 그 외에 유아식, 육가공, 어묵가공, 제빵, 제과, 아이스크림 제조, 제면 등 많은 식품에 이용하고 있다.

국민소득이 높아지면서 영양 공급이 좋아져 평균 수명이 연장되면서 고령화 사회가 되어 비만과 성인병이 문제가 되고 있다. 이로 인하여 성인병 예방과 다이어트식품에 관심을 갖게 된다. 콩과 콩을 원료로 한 가공식품은 성분과 영양을 보면 이들의 문제점을 해결할 수 있는 좋은 식품이다. 그중에서도 두부와 콩나물, 숙주나물의 전통식품은 수분함량이 높아 비만예방에 좋은 식품이다.

영양가가 높은 콩을 원료로 하여 폭넓게 맛이 있는 식품을 만든 전통식품은 조상들로부터 전해 온 지혜라 할 수 있다. 이러한 지혜로 인해 전통식품의 수요가 많고 이들 식품을 제조하는데 인건비 등의 부담이 많아져 문제가 되고 있다. 이 들의 문제점의 해결과 생산원가를 절감하기 위해 연속적인 자동화가 요구되고 있다. 이러한 요구가 해결되면 새로운 형태의 상품이 계속 개발될것이다. 이와 같이 콩은 오래된 전통식품의 원료 이면서 새로운 식품의 원료라 할 수 있다.

이 책에는 콩에 대한 기본적인 영양과 성질에 관해 설명을 하였고, 전통의 현대화된 제조법과 새로운 제품의 이용에 관해서도 설명하였다. 그리고 인조육 등 새로운 콩 단백질 식품, 새로운 원료에 관해서도 설명하였다.

이 책을 읽어 콩 또는 가공식품의 영양과 성질을 체계적으로 잘 이해하여 비만을 예방하고 건강을 유지하는데 그리고 이들 콩 가공식품에 관한 체계적이고 합리적인 제조를 하는데 또는 콩을 이용한 새로운 식품을 개발하는데 도움이 되기를 바란다. 이 책을 집필하는데 참고를 한 책과 문헌의 원저자와 이 책을 출판하여 주신 도서출판 효일 김홍용 사장에게 감사드립니다.

2008년 3월 22일

저자씀

차 례

Chapter 06 콩을 사용한 식품산업 · 65

콩은 우리나라와 중국 일본 그 외에 극동지역에서 옛날부터 먹어 온 중요한 단백질자원이다. 콩을 식품화한 것은 중국에서는 5000년에 가까운 역사를 가지고 있고 우리나라는 1500년 전에 먹어 왔다.

콩은 단백질이 40%정도, 지방은 20%정도를 함유하고 있어 풍부한 영양소를 함유한 식량자원이다. 조직이 단단하고 독자적인 냄새를 지니고 있고 생리유해물질을 함유하고 있기 때문에 콩을 먹을 경우는 다소의 처리를 할 필요가 있다. 극동지방에서 먹어온 콩 식품은 주로 두부류, 두유 그리고 된장 간장 등의 발효식품이 있다. 이러한 식품은 앞에서 설명한 콩이 지니고 있는 문제점을 제거하기 위해 제조공정에서 해결하고 촉감과 맛이 쌀을 주식으로 하는데 잘 맞는 식품으로서 오랫동안 식생활에 사용해 왔다.

우리나라는 현재 미국으로부터 콩을 수입하여 콩기름과 사료용 탈지대두를 생산하고 있다. 국제식량농업기구에서는 콩 단백질의 사료효율이 낮고 앞으로 개발도상지역에서 단백질의 부족함이 예측됨으로 단백질의 함량이 많은 콩을 식품으로 이용하는 것을 적극적으로 추진할 필요가 있다고 경고하고 있다. 이로 인하여 최근 세계적으로 단백질이 부족함을 해결하는 수단으로 콩의 식품화를 추진하게 되었다.

콩 중에 있는 기름은 앞으로 식용유 또는 대체 에너지의 디젤로 수요가 급격하게 상승한다고 생각된다. 따라서 제유산업이 정착된 지역에서는 콩의 식품화와 별도로 유지를 만들 때 얻어진 탈지 대두를 식품으로 만드는 필요성이 높아진다. 콩을 계통적으로 이용하는 방법은 표 1과 같다.

탈지대두의 식품화하는 기본원리는 두유, 두부를 제조하는 것과 같이 콩의 조직을 깨트려 그 속에 있는 단백질을 가용성분으로 분리하는 것과 된장, 간장과 같이 콩의 조직을 미생물의 효소를 사용하여 처리 가공하는 방법이 있다.

미국과 우리나라에서는 육류와 그 외에 동물성 식품과 촉감이 같은 식품을 콩 또는 콩 단백질로부터 만들려고 노력하고 있다. 특히 미국과 같이 육류의 과다 섭취로 인한 심장질환, 비만의 예방 등 특수 목적을 해결하기 위하여 또는 육류의 수요가 높아져 그의 공급이 원활하지 못한 지역에서 육류의 일부 또는 전체를 대치하기 위해서 콩 단백질을 식품으로 만드는 것을 목표를 두고 있다. 이 콩 소재는 조리하는데 손실이 적고 조리하는데 손이 적게 들고, 보존성이 높아 앞으로 가정용 또는 급식산업용으로도 발전될 것이라 기대된다.

표 1 콩의 계통적인 이용

콩
- 대두유(식용유 바이오에너지)
- 탈지대두
  - 사료
  - 두부
  - 장류(장유 된장 아미노산)
  - 식품용탈지대두분(빵 소시지 도나쓰에 첨가)
  - 두유--건조두유(아이스크림 과자에 첨가)
  - 70%옹축단백(육가공 어묵 빵과자에 첨가)
    - 건조하지 않은 상태
    - 탄수화물 대두취 제거향료 맛 조미료
  - 분리단백--섬유 겔(인조육용 축산가공용 어묵용 빵과자에 첨가)

두유
- 음료용
- 건조두유(두부, 어아스크림 육가고에 사용)
- 두부--유부
- 동두부

콩가루
- 발효식품(된장 청국장 고추장 나또)

콩과 콩 단백질은 옛날부터 식품의 용도로 사용하고 있었고, 제과용 발포제, 소시지에서 유지의 분산제, 빵의 노화방지제. 도나쓰의 기름 침투방지제 등에 사용되고 있다. 이곳에 사용하는 콩 단백질이 지니고 있는 기능적인 성질을 이용한 것으로 식품에 첨가되는 양은 적으나 미국에서 오래 전부터 사용하고 있었다.

앞으로 우리나라는 간장, 된장, 두부, 콩나물 등의 전통식품의 수요는 최근에 여러 종류 식품의 진출로 인하여 신장이 기대되지 않는다. 그러나 최근 유통기술의 근대화로 인하여 포장기계, 포장재료의 발달, 냉장기술의 보급, 슈퍼마켓의 진출로 인하여 종래에 지역적인 식품이었든 것이 전국적인 식품으로 되고 있다. 그리고 가정에서 만들어 먹든 것이 식품의 구입체제로 바꾸면서 공장제품이 약간 신장되고 있다.

만일 앞으로 육류의 수요가 급속하게 신장된다면 탈지대두는 사료용으로 수요가 한층 높아질 것이다. 그리고 콩의 가공법이 개발되면 이들의 동물성식품 원료의 일부 또는 전체가 대치될 것이라 예측된다.

앞에서 기술한 식품 또는 이러한 종류의 제품이 미국에서 개발되고, 우리나라에서도 국내 제품이 시장에 보급되어 있어 소비자들이 관심을 갖고 있다.

여기에서는 우리나라에서 대량 제조하여 소비되고 있는 전통식품에 관해 주로 설명하고 그 외에 최근 시장에 유통되고 있는 새로운 단백식품을 비롯하여 식품적인 특성 즉 화학적인 성질, 물리적인 특성, 영양가, 보존성, 기능, 그리고 제조원리, 방법 등을 기술적으로 설명하고, 특히 대량생산방법에 관하여 설명하기로 한다.

사진제공:풀무원

사진제공:풀무원

01

건강식품
콩에 들어있는 성분과 기능

단백질 · 지질 · 식이섬유 · 아이소플라본 · 레시틴 · 사포닌 · 비타민과 무기질

콩은 곡식이지만 육류에 가까운 성분을 가지고 있기 때문에 밭에서 나는 육류라고 부르고 있다. 당질은 25%, 단백질 40%, 지질 20% 정도 함유하고 있어 기본 영양밸런스가 잘 잡혀 있을 뿐만 아니라 칼슘, 철분, 마그네슘과 복합 비타민 B류 등 중요한 영양성분을 풍부하게 갖고 있다. 그 외에도 콩에는 건강에 좋은 다양한 생리활성물질이 있다. 여러 역학조사에 의하면 콩을 많이 섭취하는 동양 사람은 서양 사람에 비해 유방암, 난소암, 전립선암과 같은 각종 성호르몬과 관련된 암의 발생율이 낮은 것으로 알려져 있다. 이러한 역할을 하는 대표적인 물질이 콩에 함유된 아이소플라본이라는 성분이라는 것이 밝혀졌다.

1 단백질

콩은 육류에 못지않게 각종 필수 아미노산을 많이 함유하고 있는 질이 좋은 단백질의 공급원이다. 계란, 육가공품, 육류 등의 동물성 단백질 식품과 달리 콩 속에는 동맥경화, 고혈압 등 순환기계열 질환의 원인이 될 수 있는 포화지방산이나 콜레스테롤이 전혀 들어 있지 않다. 이를 근거해 미국 FDA에서는 "하루에 콩 단백질 25g을 섭취하면 관상동맥질환이 예방 된다"는 문구를 콩 제품에 표기할 수 있도록 허용하고 있다. 최근 동물성 단백질의 과다 섭취로 인해 골다공증을 가속화할 수 있다는 연구결과가 밝혀지면서 콩에 관한 관심이 높아지고 있다.

2 지질

콩은 필수지방산과 여러 지방산을 65~83% 함유하고 있다. 필수 지방산은 신체의 성장과, 유지 및 생리적인 과정에서 중요한 기능을 하는 지방산으로 체내에서 활성화되지 않거나 충분한 양이 생성되지 않아 반드시 음식을 통하여 섭취하야 한다. 콩에는 필수 지방산인 리놀렌산(오메가-3계지방산)과 리놀렌산을 함유하고 있다. 이 필수 지방산은 동물성 지방의 과잉섭취로 인해 높아진 콜레스테롤 수치를 낮추는 기능을 갖고 있다. 그 중에서도 리놀렌산은 심혈관질환의 예방과 두뇌의 발달에 매우 중요한 역할을 한다.

3 식이섬유

콩 속에 20%정도 함유하고 있는 식이섬유는 지질과 콜레스테롤의 흡수성이 높아 콜레스테롤의 배설을 촉진하고, 장 기능을 개선하며 당뇨병환자의 혈당 상승과 인슐린분비를 억제하는 기능을 가지고 있다. 그리고 콩 속에 있는 올리고당은 인체에서 소화 흡수되지 못하고 대장에서 유익한 균을 증식시키는 역할을 한다.

4 아이소플라본

콩 속에 함유된 아이소플라본은 여성호르몬인 에스트로겐의 구조와 기능이 비슷하여 식물성 에스트로겐이라고 불린다. 특히 아이소플라본은 체내에 에스트로겐이 부족할 때는 에스트로겐의 성질을 나타내지만 에스트로겐이 과다할 때는 에스트로겐의 성질을 억제한다는 점이다. 다시 말해서 여성 호르몬이 부족한 폐경기 여성은 아이소플라본을 섭취하면 갱년기의 증상완화와 폐경기에 따른 심혈관질환, 골다공증의 개선에 도움을 받을 수 있다.

그러나 에스트로겐이 과다하게 분비되는 체내환경에서는 에스트로겐 저해제로 작용하여 유방암, 난소암을 예방하는 역할을 한다. 그리고 아이소플라본은 암세포의 성장에 필수적인 효소작용을 억제하고 암세포에 영양을 공급해주는 혈관생성을 막아 암세포가 사멸하도록 하는 성질도 가지고 있다. 그 외에도 알츠하이머형 치매의 예방과 기억력향상 등에도 도움을 주는 것으로 알려져 있다.

5 레시틴

콩에 함유하고 있는 인지질의 한 종류인 레시틴은 강한 유화작용을 갖고 있어 혈관에 부착된 콜레스테롤을 녹여 혈액의 흐름을 개선시켜 동맥경화를 방지한다. 그리고 지방간의 예방에도 효과가 있고, 천연항산화제로 작용하기도 한다. 그 외에 레시틴의 구성성분인 콜린은 뇌에 건강과 활력을 주는 것으로 알려져 있다. 실제로 알츠하이머형 치매환자에게 레시틴을 2주 동안 투여한 결과 환자의 기억력이 20~50% 상승되었다고 한다.

6 사포닌

콩 속에는 인삼성분으로 잘 알려진 사포닌을 함유하고 있으며 사포닌은 몸에 지방이 쌓이는 것을 억제하고 노화의 근원이 되는 지방산의 산화를 방지하며 활성산소의 활동을 억제하는 항산화물질로 작용한다. 사포닌은 암 발생 억제효과와 적혈구에 대하여 용혈작용 등이 있다고 기대되는 물질이기도하다.

이외에도 콩 속에는 트립신저해제, 피토스테롤 등 여러 생리활성물질이 함유되어 있다. 피토스테롤은 화학구조상 콜레스테롤과 비슷하지만 심장병을 예방하는 기능을 가지고 있으며 장에서 흡수되지 않고 결장에 이르러 결장암을 예방하는 것으로 알려져 있다.

7 비타민과 무기질

콩 속에는 비타민 B류와 비타민 E등을 함유하고 있다. 비타민 B류에는 티아민(비타민 B_1) 나이신, 리보프라빈(비타민 B_2) 비타민 B_6 등이 있다. 쌀에는 티아민이 부족하기 때문에 흰쌀밥만을 먹게 되면 비타민결핍증에 걸리기 쉽다. 그러므로 쌀밥과 함께 콩을 섭취하면 쌀에 부족한 영양소인 티아민을 보충할 수 있다.

특히 콩에 많이 들어 있는 비타민 E는 우리 몸에서 지방질의 산화를 방지해 동맥경화와 같은 성인병을 예방하고 노화를 방지한다.

또한 콩은 알칼리식품으로서 100g중에 칼슘127mg, 철분 7.6mg을 비롯해 칼륨, 나트륨, 마그네슘, 황, 인산 등을 많이 함유하고 있다. 그 밖에도 적은 양이지만 아연, 망간, 구리 등도 들어 있다. 실제로 삶은 콩 1/2컵에는 남성 1일 철분 권장량 12mg의 44%가 들어있다.

사진제공:풀무원

사진제공:풀무원

02

건강식품

두부에 들어있는 성분과 기능

두부에 들어있는 영양성분 • 두부와 건강

1 두부에 들어있는 영양성분

두부에는 단백질과 몸에 필요한 필수 지방산이 풍부해 옛날부터 채식을 하는 승려나 인도의 채식주의자들이 부족한 영양을 보충하기위해 즐겨 먹었다. 그리고 일본은 세계 제1위의 장수국가이고 그 나라 안에서도 오키나와사람들은 건강하게 오래 사는 것으로 유명하다. 오키나와사람들의 건강비결은 두부이다. 이곳에서는 일반두부의 세배정도의 무게를 지닌 "오키나와 두부"를 즐겨 먹는데 두부의 섭취량이 일본사람이 먹는 평균양의 두 배를 먹는다고 한다

두부를 먹으면 원료가 되는 콩의 기능성 덕분에 골다공증, 고혈압예방, 콜레스테롤 감소, 항암 등의 효과를 기대할 수 있다. 그리고 두부를 만드는 과정을 통해 65% 정도 밖에 안 되는 콩의 낮은 소화율이 95% 정도로 상승하고 칼슘의 함량이 증가하는 등 건강식품으로 손색이 없는 식품이다.

1.1. 식물성 단백질

콩의 성분에서 설명한 것과 같이 두부는 육류나 계란을 대신해 질이 좋은 단백질을 효과적으로 보충해 줄 수 있는 식품이다. 두부를 많이 먹으면 동물식품을 먹을 때 함께 섭취할 수밖에 없는 포화지방산이나 콜레스테롤의 피해를 막을 수 있다. 특히 밥과 두부를 같이 먹게 되면 콩 단백질에 부족한

필수아미노산인 라이신을 보충해 줌으로 육류에 뒤지지 않는 양질의 단백질을 섭취하는 효과를 갖게 된다.

1.2. 순수한 물

우리 몸의 대사과정에서 생겨난 불순물을 소변이나 땀의 형태로 배설하게 함으로써 몸속을 깨끗이 청소하는 기능을 하는 것이 바로 물이다. 이러한 역할을 제대로 하기 위해서는 순수하고 깨끗한 물을 마시는 것이 중요하다. 물과 더불어 중요한 수분공급원이 되고 있는 음료는 물 이외에 다른 성분들을 포함하고 있다. 따라서 음료형태로 수분을 섭취하게 되면 과다열량섭취 및 무기질 불균형이 일어날 수 있고, 섭취한 이상으로 몸에서 수분을 빼앗아 갈증을 더하는 결과도 나타날 수 있다. 물, 음료 외에 식품을 통해서 섭취하는 수분은 총 수분섭취량의 30~50%, 두부는 수분함량이 80%이상인 식품으로 순수한 물의 섭취를 보조해주는 역할을 한다.

유아, 어린이, 노인의 경우 성인에 비해 단위체중당 더 많은 양의 수분을 섭취해야 한다. 특히 유아의 갈증을 스스로 표현하지 못하므로 수분 섭취가 부족해지지 않도록 신경을 써야한다. 유아식이나 노인식에 두부를 이용하게 되면 수분과 동시에 영양보충까지 가능해 일석이조의 효과를 거둘 수 있다.

1.3. 칼슘의 함량이 높은 두부

우리나라 사람에게 가장 결핍되기 쉬운 영양소중 하나가 칼슘이다. 칼슘은 우유, 유제품 멸치 등 제한된 종류의 식품에만 존재하므로 우유섭취량이 적은 우리나라 사람에게 있어서 칼슘의 섭취량을 늘리는 방법은 쉽지 않다. 콩은 칼슘의 함량이 낮지만 두부는 제조과정을 통하여 응고제로 칼슘이 첨가되기 때문에 식물성식품 중 유일하게 칼슘의 함량이 높다. 두부 반모 200g 에 들어 있는 칼슘 252mg은 우유 한 컵에 들어 있는 224mg의 양보다 오히려 많다.

1.4. 콜레스테롤이 없는 두부

콜레스테롤은 간에서 합성되거나 음식물을 통해 섭취하게 된다. 후자를 식이 콜레스테롤이라고 한다. 우리가 섭취하는 동물성지방 식품에는 식이 콜레스테롤이 들어있다. 이를 다량 섭취하면 혈액 내에 콜레스테롤치가 올라가게 된다. 그러나 식물체에서는 콜레스테롤을 만들지 않기 때문에 식물성 식품에 들어 있는 지질에는 콜레스테롤이 전혀 함유되어 있지 않다. 따라서 콩이나 두부에는 콜레스테롤이 없다. 그 뿐만 아니라 콩이나 두부 속에는 레시틴, 아이소플라본을 비롯해서 악성 콜레스테롤인 저밀도지단백(LDL-cholesterol)을 크게 낮추는 생리활성물질들이 많이 함유되어 있다.

1.5. 나트륨함량이 적은 두부

성인이 신체기능을 정상적으로 유지하기위해 하루에 필요한 나트륨의 양은 500mg으로 식염 1/4작은 술에 해당하는 양이다. 우리나라 사람의 식염의 섭취량은 하루 15~30g, 적적량의 10배 이상의 나트륨을 섭취하는 셈이다. 하루 10g 이상의 식염을 섭취하면 고혈압 발병률이 크게 증가하는 것으로 알려져 있다.

우리나라사람이 나트륨을 과도하게 섭취하는 음식은 얼큰하고 맵고 짠 음식, 짭짤한 밑반찬을 좋아하는 우리나라 사람의 식성과 함께 육류, 계란 등의 동물성식품과 가공식품의 섭취의 증가가 한 몫을 하고 있다. 일반적으로 동물성식품 중에는 식품보다 많은 양의 나트륨이 함유되어 있다.

나트륨함량은 식품의 가공공정을 통해 많이 증가한다. 보기를 들면 토마토 100g에 들어있는 나트륨은 3mg에 불과하지만 토마토케첩 100g속의 나트륨은 1300mg이다. 그러나 두부만은 예외로 콩 100g중의 나트륨양은 2mg, 두부 100g중의 나트륨양은 5mg으로 콩과 두부 간에는 큰 차이가 없다. 이와 같이 두부는 저염식품임으로 식사를 하는데 염분섭취량을 조절하기 시운 식품이다.

2 두부와 건강

2.1. 아이와 두부

옛날부터 콩은 두뇌개발에 좋은 식품으로 알려져 왔다. 머리를 나타내는 두(頭)자가 콩두(豆)와 머리혈(頁)의 복합이라는 것만으로도 관련성을 짐작할 수 있다. 실제로 콩의 40%를 차지하는 단백질과 필수지방산은 신경세포의 성장에 중요한 역할을 한다. 특히 레시틴은 신경전달물질을 만드는 중요한 성분으로 “뇌의 먹을거리”로 불린다.

2.1.1. 소화율이 95%

모유와 분유에 의지하던 아기에게 처음으로 먹이는 반고형식품을 이유식이라고 한다. 이유식의 첫째 원칙은 먹기 쉽고, 소화가 잘 되어야 한다. 단 기름기가 많은 생선과 육류의 지방질처럼 소화하기 어렵거나 조리해도 잘 물러지지 않는 딱딱한 섬유질식품은 적합하지 않다.

두부, 계란, 빵, 사과 등이 대표적인 이유식재료로 손꼽히는 이유도 맛이 부드럽고 소화가 잘 된다는 특징 때문이다. 그중에서도 소화흡수율이 95%에 달하는 두부는 소화기가 약한 아기들에게는 더 없이 좋은 식품이고 동시에 수분을 많이 함유하고 있기 때문에 유아의 탈수현상을 예방하기에도 좋다. 보기를 들면 설사로 인한 탈수증세가 있을 때 두부를 먹이면 영양공급과 동시에 수분을 보충해 주는 역할을 한다.

두부의 이유식은 아기가 음식을 꿀꺽 삼킬 수 있는 이유식 초기, 즉 6개월 이후부터 가능하며 잘 으깨서 먹이거나 수분함량이 많고 부드러운 연두부를 먹이면 좋다. 돌 이후에는 살짝 굽거나 튀기는 것도 좋다. 두부는 채소 등 다른 음식재료와 함께 다양한 방법으로 조리 할 수 있어 유아와 어린이의 바람직한 입맛을 형성 하는데도 큰 도움을 줄 수 있다.

2.1.2. 뇌세포의 형성

유아 시기는 신체 뿐만 아니라 두뇌도 잘 자라는 시기이므로 칼슘처럼 골격성장에 효과적인 영양 뿐만 아니라 뇌세포형성에 도움을 주는 영양소가 풍부한 공급이 필요하다. 뇌 발달에 필요한 대표적인 영양소가 바로 필수아미노산이고, 이는 육류뿐만 아니라 콩이나 두부 같은 식물성 단백질 식품 속에도 풍부하게 들어 있다. 특히 두부는 위에 부담 없이 단백질 섭취를 할 수 있기 때문에 자칫 소홀히 하기 쉬운 이유기의 단백질공급에 좋은 원천이 될 수 있다.

2.2. 두부는 남자에게 좋은 건강식품

전립선은 미국남성 암환자 중 35%를 차지하고 있으며 세계적으로 매년 2~3%정도 증가하는 추세이다. 우리나라에서의 발생빈도는 10만명당 3명으로 아직은 낮은 편에 속하지만 식생활이 서구화 되면서 노년층이 증가하여 점차 많아지고 있다. 전립선암과 같은 호르몬 관련 암은 식생활과 밀접한 관계가 있다. 특히 두부나 두유 같은 콩 제품의 섭취가 많은 사람일수록 발생률과 사망률이 낮은 것으로 보고되어 있다.

2.2.1. FDA도 인정한 최고의 건강식품 두부

미국FDA는 영양표시교육법(Nutritional Labeling & Education Act)에 따라 공식적으로 인정된 식품의 특정성분과 그 효능의 관련성에 대해 제품에 표기할 수 있도록 하는 건강강조표시를 채택하고 있다. 그 항목에는 (1) 칼슘과 골다공증, (2) 나트륨과 고혈압, (3) 식이지방과 암, (4) 포화지방산 및 콜레스테롤과 관상동맥 심질환, (5) 섬유소를 함유한 곡류와 암, (6) 섬유소를 함유한 곡류 및 과채류와 관상동맥 심질환, (7) 과채류와 암, (8) 엽산과 신경관계 결함, (9) 당알코올과 충치, (10) 수용성 섬유소와 관상동맥 심질환, (11) 대두단백과 관상동맥 심질환, (12) 식물성 스테롤, 스타놀에스테르와 관상동맥 심질환 등이 있다.

건강강조표시 12종류 중 콩 제품에 함유된 성분과 관련 된 항목은 (1)(2)(3)(4)(11)(12)이다. 이 외에도 새로 생겨날(13)(14)항목으로 인정될 가능성이 높은 오메가3계지방산과 관상동맥 심질환, 아이소플라본과 유방암 또는 골다공증 등도 사실상 콩 제품과 관련된 사항이다. 이를 통해서도 두부를 비롯한 콩 제품이 단순한 영양성분의 공급 뿐만 아니라 각종 성인병의 예방과 관리에 효과를 가진 생리활성물질을 함유하고 있는 건강식품으로 주목받고 있음을 알 수 있다.

2.2.2. 전립선질환과 두부

남자들은 나이가 들어감에 따라 전립선 건강에 주의를 기울여야한다. 요도가 건조하지 않도록 여러 가지 분비물을 만들어 내는 역할을 하는 전립선은 안드로겐의 분비가 증가함에 따라 점점 커지게 된다. 20~30대에는 전립선의 무게가 20g 정도 되는데 이 크기는 50대까지 유지되다가 그 이후부터 일반적으로 비대화현상이 일어나게 된다. 이것을 양성전립선비대증이라고 한다.

이를 치료하기위서 보통 호르몬제제가 쓰이는데 문제는 약을 6개월정도 복용하면 전립선의 크기가 줄어 들지만 끊게 되면 다시 크기가 증가한다는 것이다. 이러한 모든 약물은 장기투여 하면 부작용의 위험도 있다. 그러나 최근 콩 속에 함유하고 있는 아이소플라본이 활성 안드로겐의 과다한 증가를 억제한다는 사실이 밝혀지면서 콩 제품이 전립선비대증의 예방과 치료에 사용될 수 있을 것으로 기대되고 있다.

실제로 하와이에 거주하는 일본인 남성들을 대상으로 한 역학조사에서 콩을 섭취하는 사람은 그렇지 않은 사람들에 비하여 대체로 전립선질환발병률이 낮다는 것이 밝혀졌다.

이 연구는 8000여명의 남성들을 대상으로 20여년간 이루어진 것으로 일주일에 한번 또는 그 이하로 두부를 섭취한 사람은 매일 두부를 섭취한 사람들에 비해 3배정도 전립선암에 걸릴 확률이 높다는 결과를 보여주고 있다. 현재까지 호르몬요법에 사용되고 있는 많은 약들은 여러 우수한 효과가 있음에도 불구하고 성기능의 감소와 발암 가능성 등 부작용에 대한 논란이 끊이지 않고 있다. 그러나 콩과 두부에 함유되어 있는 아이소플라본은 오랜 세월동안 사람이 섭취해 온 것으로 여러 연구에서 그 안전성이 입증되고 있으므로 앞으로 남성 질환의 예방 및 치료에 사용이 증가될 것으로 여겨진다.

2.3. 여성의 아름다움 및 건강과 두부

두부는 여성들에게 다이어트, 피부미용, 변비개선, 골다공증예방에 필요하다. 그 중에서도 두부속의 천연여성호르몬인 아이소플라본은 폐경기 증후군을 이겨내고, 폐경기 이후의 여성에게 찾아오기 쉬운 심혈관질환을 예방하는데 큰 도움을 준다. 폐경기여성에게 필요한 아이소플라본은 하루 150mg, 두부 두 모에 들어 있는 양이다.

2.3.1. 폐경기증후군

의학적으로 폐경이란 월경이 정지되어 임신능력을 상실했을 때를 말하며, 마지막 월경의 전후시기를 갱년기라고 한다. 여성은 폐경기가 되면 에스트로겐이 감소하게 되어 얼굴이 화끈거리고, 질이 건조해지며, 식은땀이 나는 갱년기증상을 겪는다. 또 혈중 콜레스테롤을 떨어뜨리는 역할을 하는 에스트로겐이 감소함으로서 심혈관질환의 위험에 처하게 된다. 심혈관질환이 폐경기 이후 여성의 주요 사망원인 중 하나가 되는 것도 이러한 이유에서다.

폐경기증상을 없애기 위해 주로 사용되는 것이 호르몬요법이지만 점차 개선되고 있음에도 불구하고 이 요법에 따르는 문제도 계속 보고되고 있다. 그러한 호르몬제가 아니더라도 여성호르몬을 대체하는 방법이 있다. 바로 여성 호르몬과 유사한 기능을 가진 성분의 자연식품을 많이 섭취하는 것으로 대표적인 식품이 콩이다.

콩 제품에는 에스트로겐과 구조와 기능이 유사한 식물성 에스트로겐의 일종인 아이소플라본이 함유되어 있다. 역학조사를 한 결과 북미 갱년기의 여성의 85%가 안면홍조증세를 호소하는 반면, 일본의 갱년기 여성의 경우에는 25%로 나타나고 있는데 이는 두부 등 콩 음식을 많이 먹는 일본의 식생활 때문인 것으로 보인다. 아시아 사람들이 서양으로 이주해 식생활이 바뀌게 되면 서양여성들이 겪는 여러 증상들을 그대로 겪는다는 사실도 이런 연구결과에 설득력을 더해준다.

더욱 놀라운 사실은 에스트로겐이 없는 상황에서는 에스트로겐효과를 나타내는 아이소플라본이 에스트로겐이 많은 사람에서는 항에스트로겐 역할을 한다는 것이다. 에스트로겐은 호르몬에 민감한 조직의 세포분열을 촉진하는 능력이 있다. 에스트로겐의 발암작용이 이와 연관된 것으로 보이는데 성호르몬과 관련된 유방암과 난소암에 대한 위험성을 증가시키는 것도 바로 이 때문이다. 그러나 아이소프라본은 에스트로겐과 유사한 물질이면서도 에스트로겐에 의한 위험을 막는 역할도 한다. 이는 아이소플라본이 생리적 환경에 따라 항에스트로겐의 역할을 하기 때문이다.

이러한 아이소플라본의 효능은 호르몬대체 요법만이 폐경기 징후들을 제거해 주는 유일한 방법이 아니라는 것을 말해준다. 우리나라 갱년기 여성들에게 아이소플라본을 꾸준히 섭취하게 한 결과 3개월정도가 지나자 갱년기증상이 완화되고 혈청 콜레스테롤, 악성 콜레스테롤(LDL-cholesterol)수치가 낮아졌다는 연구결과도 있다. 이는 아이소플라본이 갱년기증상 외에 심혈관 예방에도 중요한 역할을 한다는 것을 보여주는 좋은 예이다.

2.3.2. 다이어트와 두부

다이어트식품의 첫 번째 조건은 낮은 열량이다. 일반적으로 한사람이 한 번에 먹는 두부의 양은 약1/4모(약100g), 열량은 84kcal로 밥 한 그릇이 200kcal인 것에 비하면 절반이하인 셈이다. 그리고 두부는 80%이상이 수분이라 식후에 금방 포만감을 주기 때문에 다른 고열량 음식물들을 적게 섭취할 수 있고, 과식을 방지하는 역할을 한다. 그러므로 첫 번째 조건을 만족시키는 셈이다. 그러나 더욱 중요한 것은 낮은 칼로리에 비해 영양이 풍부하다는 것이다. 다이어트를 하면 단백질이 부족해지기 쉬운데

두부에는 질이 좋은 식물성 단백질이 풍부하다. 그 밖에 칼륨 등의 미네랄도 많이 들어있다. 특히 두부 반모(200g)에 들어있는 칼슘(252mg)은 우유 한 컵에 들어 있는 칼슘 224mg보다 더 많다.

두부속의 칼슘은 뼈와 이를 튼튼하게 하는 것뿐만 아니라 긴장을 풀어주는 역할을 하기 때문에 다이어트 스트레스를 이겨내는데도 도움이 된다. 두부에 들어 있는 레시틴은 뇌에 활력을 주고 마음을 안정시키는 역할을 한다.

2.3.3. 골다공증과 두부

칼슘만으로는 골다공증을 예방할 수 없다. 뼈는 칼슘과 인, 마그네슘과 아연 등으로 경고한 결합체를 이루고 있다.

뼈의 내부에서는 칼슘이 용출되고 새로이 축적되는 과정이 끊임없이 진행된다. 이러한 과정을 거쳐 골밀도가 증가되어 20대 후반에서 30대 초반에 최대치에 이른다. 그러나 이후부터는 골격으로부터 용출되는 칼슘의 양이 축적되는 칼슘의 양을 넘어서게 되어 고밀도가 점차 감소하게 된다. 골밀도의 감소로 인해 조직에 구멍이 생기는 것이 바로 골다공증이다.

서구여성들은 골다공증예방을 위해 식사를 통해 칼슘의 섭취량을 점차로 늘리고 있다. 그러나 다른 어느 지역보다 훨씬 많은 칼슘을 섭취하고 있는 서구인들이 골다공증에 걸릴 확률이 더 높다. 이러한 사실은 칼슘의 보충이 골다공증을 해결 만능 책이

아님을 말해 준다. 동물성 단백질을 섭취한 그룹이 콩 단백지만을 섭취한 그룹에 비해 더 많은 칼슘(50% 이상)이 소변을 통해 빠져나간다는 연구결과는 칼슘의 체내 이용률 단백질의 종류에 따라 달라진다는 사실을 보여준다.

그렇다면 식물성이면서 칼슘이 풍부한 식품인 두부가 식물성 식품 중에 유일하게 칼슘함량이 높다. 그리고 콩 속의 아이소플라본은 단지 뼈의 손상을 늦추어 주는 것뿐만 아니라 새로운 뼈 조직을 형성시켜주는 기능이 있다고 한다. 따라서 칼슘과 식물성 단백질, 아이소플라본이 함께 함유된 두부는 골다공증의 예방과 관리에 가장 적합한 식품이라고 할 수 있다.

2.3.4. 변비와 두부

변비는 많은 여성들이 격고 있는 불쾌한 증상중 하나이나, 변비로 인해 장내에 변이 오랜 시간 머물게 되면 유해균들이 강력한발암성물질을 만들어 내므로 대장암의 예방을 위해서도 변비가 생기지 않도록 해야 한다. 변비치료에 가장 효과가 있는 것이 바로 식이섬유이다. 두부에는 식이섬유의 역할을 하는 올리고당이 풍부하다. 올리고당은 소장에서 흡수되지 않고 대장까지 도달하여 대장에 있는 비피더스균의 영양분이 된다. 비피더스균이 늘어나면 유해한 균의 생육이 억제되고 장의 연동운동이 촉진된다. 두부를 많이 먹으면 변의 양이 많아지면서 변통이 좋게 되는 것도 이 때문이다 그리고 콩의 거품을 많이 내는 물질인 사포닌 역시 유해성분이 장 점막에 접촉하는 시간을 줄이고 유해성분을 흡착해서 독성을 약하게 하는 작용을 한다.

2.4. 중년의 성인병의 예방과 두부

2001년 우리나라 통계조사에 따르면 우리나라 사람의 주요 사망원인은 암, 뇌혈관질환, 심장질환 순이다. 전체 사망원인의 50%이상을 차지하는 이들 질환을 예방하는 가장 손쉬운 방법 중 하나가 두부를 충분히 먹는 것이다. 두부는 혈액 중 콜레스테롤의 수치를 낮추고, 혈압상승을 막아 심혈관질환과 뇌혈관 질환을 예방하고, 아이소플라본 등의 생리활성물질이 암세포의 성장을 방해한다고 알려져 있다.

2.4.1. 암의 예방과 두부

암은 발암물질에 의해 정상세포의 유전자가 돌연변이를 일으켜 비정상적인 증식을 함으로서 암 조직으로 발전하는 질병이다. 최근 콩에 함유된 여러 기능성물질의 암 예방의 효과가 알려지면서 콩 가공식품을 매일 일정량 이상 섭취해야 한다는 캠페인이 전 세계적으로 붐을 일으키고 있다.

서구로 이민 간 동양사람들이 서구식 식품에 길들어지면서 유방암과 전립선암의 발생률이 거의 서구사람들과 비슷해진다는 연구결과도 그 중 하나이고, 또한 하와이에 거주하는 일본계 사람들에 대한 연구결과 매일 두부를 섭취하는 사람들의 대장암발생률이 그렇지 않은 사람들에 비해 3분의1정도 낮은 것으로 보고되어 있다. 중국인을 대상으로 한 연구에서도 콩으로 만든 식품을 자주 섭취하는 사람들이 그렇지 않은 사람들에 비해 위암에 걸릴 가능성이 낮은 것으로 나타났다.

이런 연구 결과들은 콩 제품을 일상적으로 자주 섭취하기만 해도 암을 예방할 수 있음을 알려준다. 더욱 놀라운 것은 콩 속의 항산화물질이 조리과정에서 생기는 발암물질의 발생을 막는다는 것이다. 예를 들면 소고기를 높은 온도에서 구우면 많은 양의 강력한 발암무질들이 생기지만 여기에 10%정도의 콩 제품을 첨가하면 발암물질의 형성을 막을 수 있다고 한다. 결국 두부 등의 콩 식품이 다른 식품에 있는 발암물질까지도 없애줄 수 있다는 것이다.

2.4.2. 심혈관질환과 두부

동맥경화는 콜레스테롤이나 중성지방 등 혈액중의 지질성분이 동맥벽에 쌓여서 점점 단단해지고 굳어지면서 혈관이 탈력을 잃게 되고 좁아지는 상태를 말한다. 이로 인해 뇌, 심장 및 기타 장기로 혈액과 산소가 원활하게 공급되지 못해 심장에서는 협심증과 심근경색, 그리고 뇌혈관에서는 뇌졸중 등을 유발하여 생명에 치명적인 결과를 초래할 수 있다.

도물성단백질보다 식물성단백질을 주로 섭취하는 아시아 문화권에서 이러한 심혈관질환의 발생률이 낮다는 것은 잘 알려진 사실이다. 임상연구결과 동물성단백질을 콩 단백질로 바꾼 식이조절로 고지혈증환자의 혈중 콜레스테롤수치가 평균 21% 감소했다는 연구보고가 있다.

필수 지방산인 리놀레산과 리놀렌산은 또한 혈중 콜레스테롤을 낮추는 기능을 한다. 특히 오메가-3계지방산인 리놀렌산은 혈전생성을 막아 주어 동매경화를 예방한다. 또한 콩 제품에 함유된 아이소플라본은 체내에서 항산화물질로 작용하여 혈중 콜레스테롤 수치를 낮추면서 동맥벽의 훼손을 막아 심혈관질환을 예방하는 효과가 있다.

그리고 두부를 비롯한 콩 제품은 고혈압을 예방하는 역할도 한다. 고혈압환자가 소금섭취를 줄이면 혈압이 감소한다는 것은 주지의 사실이다. 동물성단백질을 섭취하면 식물성단백질을 섭취하였을 때보다 혈중 나트륨농도가 더 높아진다. 이에 반해 식물성단백질 덩어리인 두부는 저염 식품일 뿐만 아니라 소화과정에서 생성되는 콩 단백질 분해물이 혈압을 높이는 효소의 활성을 저해하여 혈압상승을 막아 준다는 사실이 밝혀 졌다.

2.4.3. 당뇨병의 예방과 두부

인슐린의 기능저하로 혈액속의 당이 세포내로 유입되지 못해 대사에 이상이 생기고 혈당이 높아지면서 소변을 통해 당이 배설되는 질병이 당뇨병이다. 당뇨병이 더욱 심각하게 여겨지는 것은 고혈당 자체보다 그로 인해 생기는 합병증 때문으로 당뇨병이 오래 진행되면 신체의 많은 장기 특히 심혈관계통에서 심각한 손상을 입게 된다. 두부에 들어있는 단백질과 여러 생리활성물질은 이러한 당뇨병의 치료 및 합병증의 예방에 많은 도움을 준다.

두부의 주성분인 단백질의 아미노산에는 글라이신과 아르기닌 이 두 가지의 아미노산이 특히 많다. 이 아미노산은 혈중 인슐린수치를 낮추는 효과가 있다. 혈중 인슐린의 수치가 낮으면 간에서 콜레스테롤의 합성을 감소시킨다. 이것은 콜레스테롤 혈증으로 고생하는 당뇨환자들에게는 매우 반가운 일이다. 또한 두부의 레시틴은 당뇨환자가 걸리기 쉬운 담석증을 예방한다.

당뇨병의 합병증 중 가장 무서운 것은 당뇨병성 망막증, 즉 당뇨병이 빛에 반응하는 망막주변의 혈관증식을 유발하여 망막에 손상을 주는 질병으로 출혈이 생기기도 한다. 임상실험결과 아이소플라본이 당뇨병성망막증환자의 혈관 신생을 막아주는 것으로 나타났다.

당뇨병환자는 신장질환의 위험이 역시 높다. 신장염은 당병의 잘 알려진 합병증이고, 심장염이란 신장의 여과기능이 손상을 입은 상태가 악화되면 신부전이 된다. 신장질환에는 동물성 단백질보다 콩 단백질이 더 효과적인 것으로 알려져 있고 두부는 콩 단백질의 덩어리일 뿐 아니라 나트륨의 함량이 낮아 당뇨병성 신장질환자에게 매우 적합한 식품이다.

2.4.4. 치매와 두부

콩의 레시틴은 노화를 방지할 뿐만 아니라 뇌를 건강하게 해 치매를 예방하는 기능이 있다. 최근의 연구결과 알츠하이머증치매증 환자의 뇌에서 아세틸콜린이 극단적으로 감소고 있음이 밝혀졌다. 아세틸콜린의 감소는 나이를 먹으면 누구에게나 생기는 자연적인 뇌의 노화현상의 하나이다. 아세틸콜린의 원료가 되는 콜린은 체내에서 합성 되기도 하지만 알츠하이머형 치매뿐만 아니라 노화를 방지하기 위해서도 식품으로도 충분히 공급되어야 한다. 그 공급원으로 가장 좋은 것이 두부를 비롯한 콩 제품이고, 콩 속의 레시틴은 간장에서 분해되어 콜린이 되는데 이것이 대뇌에서 아세틸콜린을 만들어내기 때문이다

사진제공:풀무원

사진제공:풀무원

03

건강식품
콩의 화학적 성질

일반성분 · 단백질

1 일반성분

콩의 화학조성의 특징은 식물성 고기라 할 정도로 단백질과 지방이 많다. 품종과 재배조건에 따라 다르나, 일반적으로 단백질은 40%, 지방은 20%정도를 함유하고 있다. 탄수화물은 약 25%이고, 쌀과 보리와 달리 전분은 거의 함유하지 않고 있다. 섬유와 회분은 각각 약 4~6%이다. 콩을 제일 많이 생산하는 나라는 미국이다

2 단백질

콩에는 질소량으로 환산해 볼 때 약40%의 단백질 또는 이와 가까운 물질이 함유되어 있어 콩을 석유계 용제를 사용해서 가열처리를 하지 않고 탈지한 저온 탈지 대두를 물로 추출하면 질소화합물의 90% 정도가 용출된다. 이와 같이 물로 용출한 질소 중에는 콩의 단백질의 주성분인 글리시닌을 비롯해 글로불린 단백, 알부민, 프로테오스, 비단백질이 함유되어 있다.

콩 속에 있는 단백질의 대부분은 세포중에 있는 단백질, 프로테인바디는 5~10미크론정도의 소체 중에 함유하고 있고, 콩을 물로 추출한 단백은 이 소체를 파괴해서, 그 안으로부터 용출한 것이 많다. 프로테인바디는 기계적으로 부서지기 쉽고 물에 닿으면 팽창되어 깨짐으로 단백질은 간단하게 용출된다. 그러나 용출한 단백질은 프로테인바디 중에 존재하는 것과 다른 형태로 될 가능성이 있고, 그리고 푸로태인보디 외의 단백질 또는 단백질과 반응한 생성물이 혼존되어 있다고 생각할 수 있다.

2.1. 글리시닌

글리시닌은 원래 Osborne과 Campbell이 저온탈지대두를 식염으로 추출, 투석을 한 다음 침전한 단백질을 다시 식염수에 녹여 투석을 반복해서 얻은 단백질을 뜻한다. 그

후에 글리시닌은 물 또는 알칼리로 추출한 추출액에 산을 넣고 pH4.3 부근으로 조절해 침전해 분리하게 되었다. 글리시닌은 글로블린의 한 종류임으로 물에 녹지 않고 알칼리를 넣어 pH7.0 부근에서 용해된다. 글리시닌은 염에 용해성이 있는 글로불린의 성질이 있기 때문에 탈지대두분이 물에 용해되는 것은 대두 중의 인산칼륨의 영향이라고 한다.

물로 추출한 추출액에 산을 넣는 대신에 염화칼슘 또는 염화마그네슘 용액을 일정량을 첨가하면 단백질이 침전되지만 그 양은 산보다 적고, 글리신의 중의 일부가 침전 했다고 생각된다. 단백질은 이 때 칼슘 또는 마그네슘과 결합하고, COOH잔기의 수소이온과 치환 되었다고 생각할 수 있다.

2.2. 훼이(유청, whey)

탈지대두분을 물로 추출한 액으로부터 산으로 침전한 산미전단백질을 제거한 남은 용액 중에는 산으로 침전되지 않는 단백성분이 있다. 이를 치즈에서 불리는 훼이단백질이라 부른다. 이 중에는 콩의 수용성질소의 약 10%를 함유하고 있고, 그의 반은 글로불린, 알부민, 트립신의 인히비터, β-아밀라아제,해마글루티닌, 포스포타아제, 리포옥시다아제, 피타아제 그 외에 생리활성물질을 많이 함유하고 있다. 산으로 침전한 다음 상층액인 훼이는 산성에서 가열하면 침전 응고하지만 이것은 알부민의 열변성에 의한 것이다. 그리고 훼이에 식용검 또는 계면활성제를 가하면 단백질의 일부를 복합체를 만들어 침전시킬 수 있다.

칼슘으로 침전한 다음 상등액 즉 훼이는 산성으로 침전한 훼이보다 질소함량이 높다는 것은 콩을 물로 추출한 단백질 중에는 산으로 침전되지만, 칼슘염으로 침전되지 않는 것이 있다. 그러나 추출용액을 미리 가열하면 둘은 거의 차이가 없음으로 이 단백질은 가열에 의해 칼슘의 침전성을 증가시킨다고 생각할 수 있다.

훼이 중에는 생리활성물질과 효소류가 있고 이들은 분자량이 적은 단백질로 되어 있다. 이 생리활성물질과 효소가 열에 의해 불활성화 되는 것은 단백질이 열변성에 의한 것이고 pH 또는 공존염류 등에 의해 그 정도가 다르다고 할 수 있다.

2.3. 대두분으로 부터의 단백질의 용해성

콩으로부터 단백질을 추출하는 것은 콩 또는 저온탈리대두를 미세하게 분쇄하여 충분한 양의 용매를 사용해 용해성 물질을 용출하고 불용성물질을 여과해 용액중의 질소를 정량하면 단백질의 용출정도를 알 수 있다. 물을 사용하여 용출할 경우는 80~90% 정도 용출된다. 산 또는 알칼리를 사용하면 용출량은 물의 경우와 매우 다르게 용출된다. 대두분으로 부터 단백질의 용출에 미치는 pH의 영향을 그림 3.1에 나타냈다. 수

산화나트륨 또는 수산화칼슘 등으로 조절한 알칼리 쪽에서는 용해도가 물의 경우보다 수% 높다. 산에서는 그의 종류에 관계가 없이 모두가 pH4.3부근에서 용해도는 최저치가 된다. pH가 이것보다 낮아지면 다시 증가하고, pH2에서는 극대치가 된다. 다시 pH가 낮아지면 용해도는 다시 급격하게 저하한다. 이러한 경향은 산의 종류에 관계가 없이 서로 비슷하지만 트리클로로아세테이트는 특히 전체적으로 용해도가 낮아 단백질을 제거하는 목적으로 콩 중의 비단백태질소의 정량하는데 사용한다.

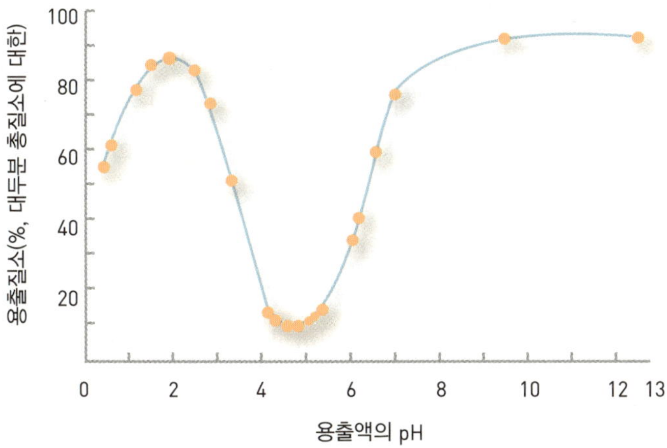

그림 3-1 대두분으로 부터 질소의 용출량에 미치는 pH의 영향

2.4. 대두 단백질의 변성

단백질의 변성은 펩타이드가 가수분해되지 않고 단백질의 물리적, 화학적, 생물학적인 성질을 변화시키는 것으로 정의하고 있다. 여기에서는 변성의 조건에서 관찰된 현상에 대해 설명한다.

2.4.1. 열에 의한 변성

2.4.1.1. 용해도의 변화

콩을 식품으로 이용할 경우 대부분이 가열처리를 통해 그 중에 함유된 단백질이 변성된다. 트립신 인히비터, 해마글루티닌 등의 생리적 유해물질이 불활성화되는 것도 이들이 단백질의 한 종류임으로 열변성이 일어나기 때문이다. 그러나 주성분인 단백질이 변성되는 현상을 관찰할 수 있는 것은 용해도의 변화이다.

콩 또는 저불점의 석유계 용매로 탈지한 다음 용매를 제거하기 위해 가열한 탈지대두분의 단백질은 물 또는 알칼리용액에서 질소로 환산해서 80~90%가 용출된다. 만일 대두분을 미리 가열해 두면 단백질의 용해도는 저하한다. 이것은 단백질이 열에 의해 변성 되었다고 생각 할 수 있다. 용해도의 저하 정도는 가열온도와 시간 외에 수증기의 유무의 영향이 크고, 증기 가열처리에서는 용해도의 저하가 특히 크다(표 3-1).

콩을 탈지하기 위해 증발온도가 높은 용매를 사용하면 과열된 증기를 불어 넣어야 함으로 이때 단백질의 수용성은 현저하게 떨어진다. 최근에 생산되는 탈지대두는 저비점용제를 사용함으

표 3-1 대두분의 가열처리에 의한 수용성의 저하(총질소에 대한 수용성 질소의 백분율)

가열처리 조건	온 도(℃)	시 간(분)	수용성(%)
부 처 리	–	–	75.6
건 조 열	121	60	64.4
오토크래이브	121	5	49.6
	121	10	8.8
	121	30	6.4
	121	60	7.5
	121	120	8.6
	110	60	6.1
끓 임	100	60	15.2

로 위와 같이 과열할 필요가 없다.

대두분을 가열할 경우 증기 대신 적은 양의 물이 있을 경우 단백질의 수용성이 작아지는 현상은 현저하다. 그러나 물의 양이 많아지면 단백질은 물에 일부 용출되고, 물의 양이 대두의 10배 이상 충분한 양이 있으면 단백질의 대부분이 용출되며, 불용성화, 응고 등의 현상은 전혀 볼 수가 없다. 두부를 제조할 때 콩을 하루 밤 물에 침수한 다음 분쇄 가열하면 단백질의 대부분이 용출되는 것이 그 예이다.

위에서 설명한 것은 콩을 분말로 만든 경우이다. 콩 자체는 물이 같이 있을지라도 가열에 의해 단백질이 용출되는 경우는 없고 공존하고 있는 물의 양과도 관계가 없으며 수용성은 저하한다. 된장, 나또를 제조할 때 콩을 물에 침수 가열한 경우 단백질의 대부분은 불용성이고, 이것을 분쇄, 물로 추출해도 용출되지 않는다. 이 경우 콩 단백질은 콩의 조직이 파괴되지 않고 세포 중에 있는 프로테인보디 중 또는 진한 상태로 있는 경우 가열에 의해 불용성화 된 것으로 생각된다.

2.4.1.2. 점도의 변화

콩은 분말상태로 충분한 양의 물이 존재한 상태에서 가열하면 단백질은 불용성화 되지 않고 대부분이 용출되지만 이러한 단백질도 열에 의해 변성된 것이다. 이것은 단백질용액을 가열해서 점도의 변화를 보면 확실하게 알 수 있다.

콩분말 고형분농도를 8.9%, 5.9%, 4.5%의 용출액을 가열해서 점도의 상승을 검토한 결과, 농도가 높을수록 점도의 상승이 매우 높아진다. 8.9%의 것을 가열한 다음 5.9%, 4.5%로 희석한 것은 5.9%, 4.5%의 것을 가열한 것 보다 점도가 높다. 콩을 산으로 침전한 단백질을 사용해 6~12%용액을 가열했을 때의 점도변화는 농도에 따라 차가 서로 다르고, 8%에서는 90~100°C에서 30분간까지의 점도는 상승하고 그 뒤부터는 저하한다. 10%이상에서는 100°C 30분간에서는 거이 일정해지고 그 후 이 값을 유지하나. 이것들은 농도가 높으면 냉각할 경우 겔 형태로 된다.

2.4.1.3. 단백질 겔의 단단하기

콩 단백질의 함수량을 중성부근에서 가열하면 단단한 탄력성이 있는 겔을 형성한다는 것이 알려져 있다. 이것은 가열에 의한 변성으로 일어나는 현상이다. 그리고 가열한 온도를 여러 조건으로 용출한 용출용액에 일정한 농도로 칼슘염을 넣고 단백질을 침전 응고시켜 여기서 얻은 겔의 정도를 측정하면 그림 3-2, 그림 3-3과 같이 온도에 다라 크게 다르다. 이것은 단백질이 변성되면 커드물의 보수력, 탄력이 증가하는 것을 나타낸다. 이는 두부의 원료인 두유중의 단백질은 어느 온도 이상에서 열변성이 일어난다는 것을 뜻하고 있다.

그리고 탈지대두로부터 단백질을 추출할 경우, 온도 또는 이것을 산으로 침전해 글리시닌을 분리할 때의 온도에 의해 얻은

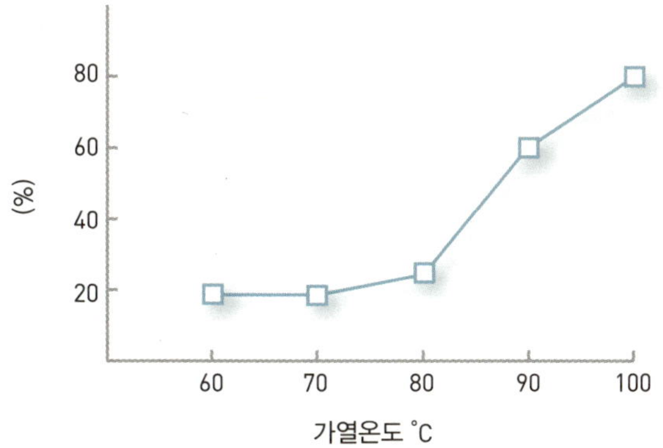

그림 3-2 콩의 가열온도가 두부의 경도에 미치는 영향

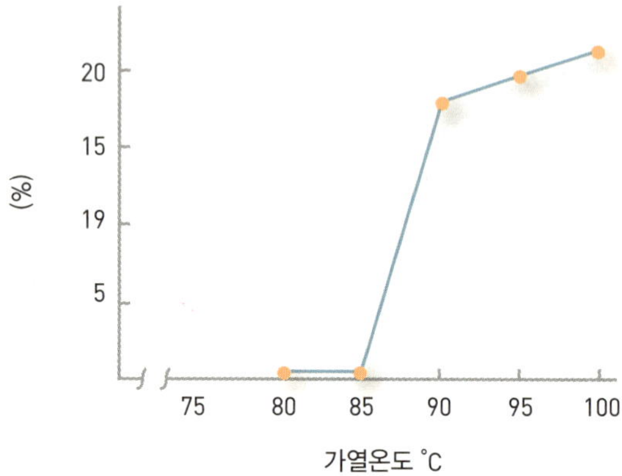

그림 3-3 두부의 가열온도가 연두부의 경도에 미치는 영향

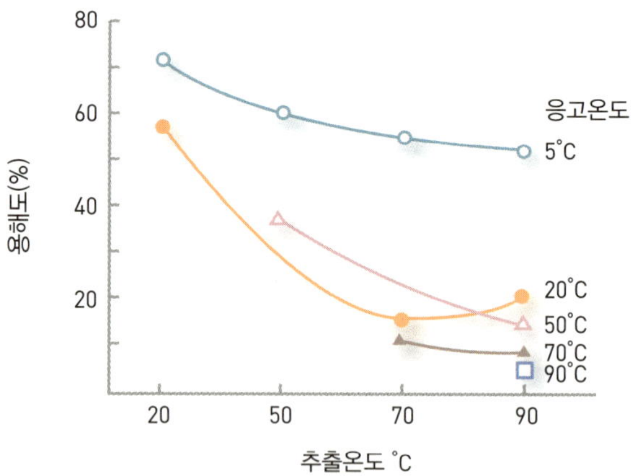

그림 3-4 추출 및 응고온도를 다르게 한 콩 단백질의 0.1N 수산화나트륨 알칼리에 대한 용해도

글리시닌의 알칼리 (0.01N 수산화나트륨)에 대한 용해도가 크게 다르다. 추출, 응고온도가 낮을수록 알칼리에 대한 용해도가 높고, 높을수록 용해도는 낮아진다(그림 3-4).

이와 같은 단백질용액이 가열에 의해 단백질의 회합이 일어나고, 이 회합에는 -SH기가 관여한다고 보고되어 있다. 그러나 가열 중에 일어나는 단백질의 분자의 변화에 관해서는 현재로서는 잘 알려지지 않고 있다.

2.4.2. 동결에 의한 변성

콩 단백질의 동결에 의한 변성은 동두부를 제조할 때 볼 수 있다. 염화칼슘에 의한 응고단백을 동결 또는 영하 1~3도에 3주간 정도 두게 되면 해동한 다음 해면 상태로 되고 탈수하기 쉬워진다. 그리고 단백질은 불용화 된다. 불용화 되는 정도는 용액의 단백질의 농도, 가열조건, 냉장기간에 의해 영향을 받는다. 단백질의 농도가 높고, 가열조건이 강하거나, 냉장기간이 길수록 심하다. 이러한 현상은 단백질이 냉장되고 있는 동안에 농축상태에서 회합한 것으로서, 여기에는 단백질의 -SH기가 관여한다고 생각하고 있다. 동두부를 제조할 때 해면 상태로 되는 것은 이와 비슷한 현상이라 생각된다.

2.4.3. 용제와 다른 것에 의한 변성

콩 또는 미변성 탈지대두분을 여러 종류의 용제로 처리하고, 용제를 제거한 다음 단백질의 수용성을 보면, 용제의 종류에 따라 감소하는 것과 감소하지 않는 용제가 있다. 감소하는 용제는 알코올과 같은 친수성인 것이고, 특히 온도의 영향이 크다. 석유 계통의 용제인 n-핵산을 사용할 경우는 수용성단백질의 감소는 거이 없다.

콩으로부터 기름을 제거하려면 콩을 압착시킨 다음 이것을 용제 중에 침적하고, 기름을 용제 중으로 용출하고, 남은 압착대두로부터 용제를 제거한다. 저비점 용제 즉 n-핵산이 가장 많이 사용되고 있으며 이 경우 대두단백질은 거의 변성되지 않는다. 에탄올을 사용하면 단백질이 변성해 수용성 또는 수산화나트륨에 대한 용해도는 낮아진다.

그리고 산으로 침전한 단백질을 알코올로 처리하면 때에 따라 기포성이 매우 높아진다고 한다. 이것은 단백질의 변성이라기보다, 산 침전 단백질 중에 함유되어 있는 인지질이 알코올 쪽으로 제거되기 때문이라고 보고되어 있다.

단백질이 변성되면 효소에 의한 분해가 쉬워진다. 변성되지 않은 탈지대두를 여러 종류의 용제로 처리하면 단백질의 일부는 효소로 분해하기 쉬워진다.

사진제공:풀무원

사진제공:풀무원

04

건강식품

콩나물 및 숙주나물과 건강

콩나물과 수주나물의 성분

1 콩나물과 숙주나물의 성분

콩나물과 숙주나물의 성분을 표 4-1에 나타냈고, 발아에 의한 비타민C의 함량의 변화는 표 4-2에 나타낸 것과 같이 콩나물과 숙주나물은 원료 콩과 녹두에 비교해 증가하고, 무수물로 환산하면 원료 콩의 2배정도가 된다. 그리고 발아함으로서 아미노산의 변화는 표 4-3에 나타낸 것과 같이 급속하게 증가하고 그중에서도 특별하게 증가하는 것은 아스파라긴이다.

표 4-1 콩나물과 숙주나물의 성분(100g 중)

	칼로리	수분	단백질	지방	당질	회분	비타민 mg		
		g	g	g	g	g	B_1	B_2	C
콩나물	22	93.8	3.0	0.1	2.2	0.3	0.15	0.06	25
숙주나물	17	94.4	2.8	0.1	1.3	0.4	0.15	0.06	30

표 4-2 콩과 녹두의 발아에 의한 비타민C 함량의 변화

	콩	콩나물	녹 두	숙주나물
수분(%)	13~18	77~82	10~11	91~95
비타민C(mg%)	15~20	6~8	17~19	5~6

표 4-3 콩과 녹두의 발아에 의한 유리아미노산의변화(mg/100g)

	콩	무수물	콩나물	무수물	녹두	무수물	숙주나물	무수물
아스파라긴산	4.9	5.8	31.3	441.5	1.0		3.2	22.7
글르타민산	2.6	3.1	+		10.5	12.2	+	
아스팔라긴	2.6	3.1	47.6	671.6	8.6	9.3	27.5	196.9
글르타민	39.8	47.3	+		14.1	16.3	12.8	91.6
알라닌	3.9	4.6		111.4	8.6	10.0	3.4	24.2
발린	6.2	7.4	10.9	153.8	3.7	4.2	3.6	25.7
루이신	2.6	3.1	6.8	95.6	5.3	6.1	5.0	36.0
셀린	1.2	1.5	3.7	51.7				+
스레오닌	+		+		+			+
티로신	+		+		+			+
프로린	22.0	25.2			+			+
시스텐	+				+			+
페닐아라닌			+		+			
글리신	+		+		+			+
아미노N 계	87.7	102.0	108.2	1525.7	50.2	58.2	55.4	397.0
수 분(%)	16.3		92.9		14.1		86.1	

사진제공:풀무원

사진제공:풀무원

05

건강식품

콩의 특성과 식품으로서의 문제점

콩 속에 있는 생리적으로 해로운 물질 · 소화성 · 열처리의 영향

1 콩 속에 있는 생리적으로 해로운 물질

콩 속에는 식품으로 사용할 경우 문제가 되는 트립신 저해제와 헤마글루티닌 그리고 갑상선종을 일으키는 물질, 금속을 결합하는 물질, 사포닌 등이 있다.

갑상선종을 일으키는 물질은 성장에는 별로 영향을 주지 않으나 갑상선이 비대해진다. 요오드화합물을 첨가하면 그 영향이 소실되고 가열처리하여도 일부가 없어진다.

생콩 속에는 아연, 망간, 구리 등 영양상으로 필요한 금속과 결합하여 체내작용을 방해하는 금속결합물질이 있고 이 물질은 단백질과 휘친체와의 복합체라 생각하고 있다. 이러한 생리저해물질의 활성은 가열처리 또는 킬레이팅시약으로 일부 불활성화된다.

우리나라의 전통식품인 간장, 된장, 두부, 콩가루 등은 제조공정 중에 가열처리하는 공정이 있기 때문에 이러한 생리저해물질의 대부분이 파괴되고, 남아 있을지라도 매우 적다. 그리고 저온탈지대두 속에는 이들 저해물질이 파괴되지 않고 있으므로 이것을 빵, 소시지, 과자 등에 사용할 경우는 제조공정 중에 가열처리를 할 필요가 있다.

필요에 따라 사전에 증기가열처리 또는 다른 가열처리를 하여 이들의 저해물질의 활성을 손실시키는 경우가 많다. 사료용 탈지대두는 모두 가열처리하고 있다. 그리고 이들 저해물질은 수용성물질이므로 콩과 저온탈지대두를 물로 추출할 경우 추출한액 중에 함유하고 있으나 이 추출액에 산을 가할 경우 침전물이 생기고 저해물질은 대부분이 상징액 중에 함유되어 있고 침전물인 단백질에는 적다.

콩은 단백질과 기름을 함유하고 있는 영양가가 높은 식량이고. 우리나라는 현재 전통식품으로서 가공되고 있다. 세계적으로도 유망한 단백질자원으로 주목을 받고 있다. 그러므로 콩의 특성과 식품원료로의 문제점을 자세하게 알 필요가 있으므로 이에 관해 기술하려고 한다.

2 소화성

콩의 조직은 다른 콩류에 비교하여 단단하고 단순한 가열처리를 한 것만으로는 소화율이 낮다. 콩 단백질의 소화율은 삶은 콩과 볶은 콩은 65% 정도 이고 두부와 유부는 92% 정도이다. 이와 같이 콩은 단순하게 삶고, 볶은 정도로는 소화율이 낮으나 두부 또는 유부로 가공하면 높아진다.

두부는 콩을 물에 하루 밤 담근 다음 곱게 갈고 더운물로 콩 단백질을 분리하여 응고 한 것이고, 이 과정에서 소화가 되지 않는 것은 비지로 제거하기 때문이다. 그리고 콩 속에는 소화효소인 트립신의 작용을 저해(방해)하는 물질 다시 말하면 저해제가 함유되어 있어 이 저해제가 소화를 방해하는 경우도 있다. 이 저해제는 열에 불안정하므로 삶은 콩, 볶은 콩과 같이 가열처리를 한 것은 문제가 되지 않는다.

3 열처리의 영향

3.1. 열처리의 효과

콩을 식품으로 이용할 경우 대부분 가열처리를 한다. 제일의 목적은 위에서 설명한 것과 같이 생리적인 유해물질을 불활성화 시키고 콩 단백질을 소화가 잘되는 구조로 변화시키는데 있다. 간장과 된장에서는 물에 담그고 물을 흡수한 콩을 100℃이상에서 30분간 가열처리하여 사용하고 있고, 두부에서는 물을 흡수한 콩을 갈고 물을 넣고 100℃에서 5분정도 가열처리를 한다. 이와 같이 콩을 가열처리함으로서 생리저해물질의 활성이 완전하게 없어진다.

그 외에 콩에는 특유한 생콩냄새와 맛이 있다. 가열처리를 함으로서 이러한 냄새와 맛을 제거할 수 있다. 삶은 콩 또는 두유, 볶은 콩가루 등은 가열처리로 생긴 각각 특수한 냄새와 맛을 갖고 있다. 이 냄새와 맛은 옛날부터 우리들에게 익숙해진 냄새와 맛이다.

콩 · 단백질이 가열처리를 하지 않은 변성되지 않은 것과 가열처리 한 다음 변성된 것은 분자내 구조 특히 펩티드사슬의 입체구조가 차이가 있다. 다시 말하면 가열처리를 함으로서 펩티드사슬이 밀착된 상태에서 풀린 상태로 변성된다. 이로 인하여 단백질을 분해하는 효소가 이 분자 내 구조 안으로 쉽게 들어가 단백질의 분해가 잘 된다고 한다.

콩이 어느 정도 가열되었는가는 식품 또는 사료용으로 사용하는데 중요한 문제가 된다. 특히 탈지대두에서는 다음에 설명하는 것과 같이 용매로 유지를 추출할 때 추출하는 가열처리조건에 의하여 용도가 달라진다.

3.2. 가열처리로 인한 장해

단백질이 가열처리로 인하여 탄수화물과 반응한다는 것은 잘 알려진 사실이다. 이때 반응하는 잔기는 단백질의 유리 아미노잔기와 탄수화물의 카르복실기 이다. 단백질은 소화관 안에서 리신잔기에 작용하는 트립신으로 분해되고 계속해서 다른 소화효소로 분해되어 아미노산이 된다. 리신잔기가 카르복실기와 반응해 버리면 단백질분자는 분해되지 않는다. 소화는 불완전하게 되어 리신을 함유하고 있는 분자량이 큰 분해물이 생성된다. 이것은 체내에 흡수되지 않고 배설되고 만다. 이로 인하여 성장에 영향을 주게 된다. 이러한 현상은 지나치게 가열처리를 하게 되면 영양가가 저하한다는 것을 의미하고 있다.

그림 5-1 은 콩을 가열처리하는 조건에 의하여 아미노산의 파괴를 나타낸 것이다. 가열조건이 강하고 가수량이 적으면 일부의 아미노산의 손실이 많다. 그림 5-2 는 가열처리함으로서 일

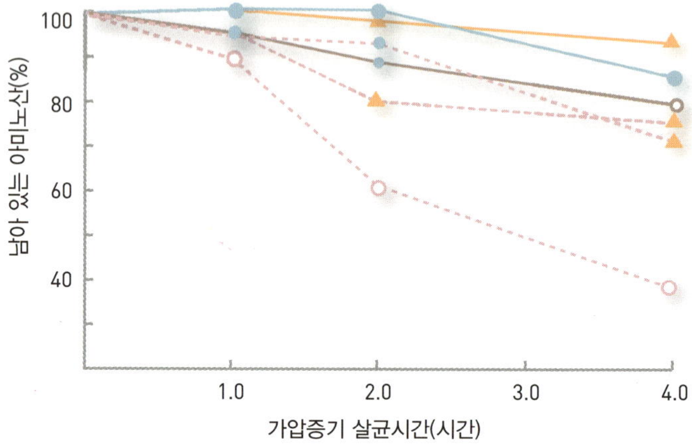

○ : 물을 가하지 않음, ● : 3배가수함. ▲ : 6배가수함,
— : 0.7kg/cm2(115°C), - - - : 1.4kg/cm²(126°C)

그림 5-1 탈지대두의 리신의 분해에 미치는 가수량과 가열조건의 영향

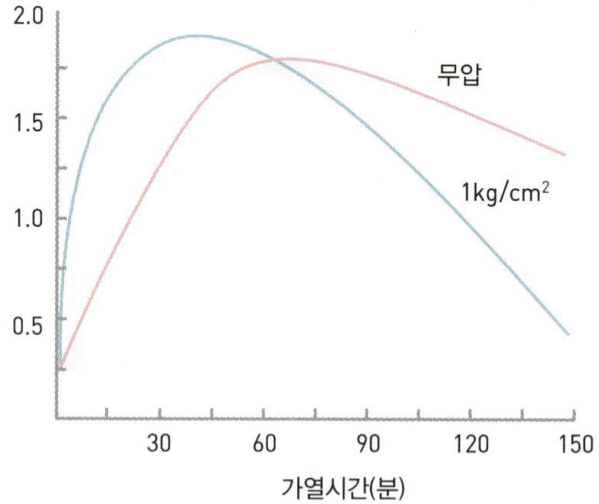

그림 5-2 콩 단백질의 단백질효율에 미치는 가열조건의 영향

단 상승한 영양가가 과열로 인하여 다시 저하하는 것을 나타내고 있다.

이와 비슷한 현상은 간장의 발효에서도 볼 수 있고, 원료인 콩을 강하게 가열처리 하면 발효할 때 콩 단백질의 분해율이 저하한다. 따라서 가열처리를 적당한 조건에서 할 필요가 있다.

3.3. 단백질의 수용성과 물성에 미치는 가열처리

위에서 설명한 것과 같이 콩을 식품으로 이용할 경우 가열처리로 인하여 득과 실이 있는 것 이외에 콩 단백질이 가열 또는 다른 처리를 함으로서 나타나는 성상변화가 있다.

그 중 하나는 콩의 단백질의 수용성이 가열조건에 따라 변한다. 콩 단백질은 두유와 같은 형상으로 가용성이 되고, 그리고 증자한 콩과 같이 대부분 불용성으로 되는 것과 같이 콩 식품의 종류와 특성이 관련이 깊다.

콩 단백질은 여러 종류의 성상변화를 일으키고 두유의 성상을 조절할 때 물은 넣은 양(가수량)은 두유의 점도에 영향을 주고, 적은 양을 물을 부어 가열할 경우 이것을 희석한 농도를 조절하여도 많은 양의 물을 넣고 가열한 경우에 비교하여 점도가 높다. 그리고 가열 한 다음 여과하여 얻은 두유에 비교하여 여과한 다음 가열한 두유의 쪽이 점도가 낮다. 그 외에 두부가 지닌 독자적인 보수력과 탄력성은 열변성한 콩 단백질이 나타내는 특성에 있다는 것을 위에서 지적하였다.

특히 동결두부는 동결변성을 이용하여 단백질과 같이 건조하기 어려운 것을 잘 탈수할 수 있는 성상으로 만들고 동시에 건조할 때 수축 또는 각질화에 견딜 수 있는 골격구조를 만든다. 이러한 경우도 가열처리하는 것이 중요한 역할을 한다.

콩 단백질은 간단한 가공으로 뜨거운 물에 녹고, 냉각하면 겔화되는 성질을 얻을 수 있다. 그리고 조건을 적당히 조절하면 어육, 유질과 같이 가열함으로서 단단한 겔을 형성한다. 그 외에 교반, 압착배출 등의 강한 물리적 처리 또는 알칼리에 용해한 액을 작은 구멍을 통하여 산액 중에 압착 배출하여 방사형으로 만드는 등 여러 형상과 물성으로 변화시킬 수 있다. 이와 같이 성상을 변화시킨 콩 단백질을 이용하여 흥미가 있는 형질을 갖고 있는 새로운 식품을 개발할 수 있는 가능성이 충분하다.

3.4. 가열과 갈색반응

콩을 가열하면 카르복실기와 아미노기가 반응하여 갈변하게 되므로 가열처리조건에 의하여 콩 식품의 특정한 색상을 만드는데 도움이 되고 있다. 증자한 콩의 색은 이러한 반응에 의하여 갈변하게 됨으로 된장을 제조할 경우 가열조건을 약하게 함으로서 갈변을 억제할 수 있다. 그 외에 갈변반응은 가열하지 않아도 오랫동안 방치하면 천천히 진행된다.

간장의 색은 여러 종류의 물질이 관여하고 있으나 콩 단백질의 분해로 생성된 아미노산과 밀 또는 콩의 헤미셀룰로스로부터 생성된 펜토스계통의 반응으로 일어나는 갈변반응으로 형성된다.

3.5. 대두취 및 맛의 대책

생콩은 독특한 냄새와, 맛 그리고 쓴 맛을 가지고 있어, 식품으로 가공하려면 이러한 것들을 제거하야 한다. 제거하는 방법은 가열처리를 하여 목적을 이룰 수 있으나 이때 새로운 향과 맛이 생성된다. 보기를 들면 두유에는 두유취가 있고, 삶은 콩 또는 볶은 콩은 각각 특수한 냄새가 있다. 이러한 냄새와 맛은 때에 따라서는 기호성이 나빠 제거하는 경우도 있다. 삶은 콩의 냄새와 맛은 된장, 간장의 경우와 같이 미생물에 의한 발효공정으로 대부분이 제거된다. 이러한 경우는 발효에 의하여 새로운 향과 맛의 성분이 생성되어 특유한 식품의 향미가 된다. 그리고 두부와 동두부에서 두유취는 콩 단백질을 응고하여 여과로 분리할 경우 물 층에 일부가 제거된다.

생콩의 냄새와 맛을 제거하는 방법은 가열처리, 용매처리 등 물리적인 방법, 약제를 사용하는 화학적인 방법, 다른 향과 맛을 커버하는 방법, 단백질을 분리하는 방법 등이 있다.

3.5.1. 가열처리, 용매처리 등의 물리적인 방법

콩을 삶거나 증자하는 방법, 볶는 방법, 물을 부어 마쇄한 콩을 가열함으로서 생콩의 냄새와 맛은 휘발과 열분해로 인하여 줄어든다. 두유의 일부의 냄새는 콩 중에 함유하고 있는 리포옥시다아제의 효소작용으로 생김으로 콩을 마쇄한 다음 신속하게 가열하여 이 효소의 활성을 불활성화시킴으로서 이 생콩의 냄새를 제거하는데 효과가 있다고 한다.

콩 또는 탈지대두분에 단백질을 용해하지 않는 적당한 용제를 넣어 잘 씻어 생콩의 냄새와 맛의 성분을 용리하여 제거하는 방법이 있다. 이 방법은 고단백질대두분을 제조하는데 실용화되고 있다. 용매제로서는 알코올, 약산, 또는 염화칼슘을 사용하고 있다. 콩으로부터 기름을 추출하는데 알코올을 사용한 탈지대두가 생콩의 향미가 잘 제거되는 것은 알코올이 기름과 같이 향미성분을 용출하기 때문이다.

3.5.2. 약제를 사용하는 화학적인 방법

이 방법에 사용하는 약제는 과산화수소, 아황산계 환원제, 히드라진계 환원제 등이 있다. 이들의 약제로 처리한 다음 남아 있는 약제를 이온교환수지로 제거하는 경우가 많다.

3.5.3. 다른 향과 맛으로 커버하는 방법

이 방법에는 설탕, 산, 다른 향료 등을 첨가하는 방법이 있다. 이러한 것을 첨가할 경우 두유와 같이 단백질이 용해한 상태로 있을 경우는 단백질이 침전하는 경우가 있음으로 침전되지 않는 방법을 생각해야한다. 그 외에 된장과 간장과 같이 효소처리를 하는 것도 효과가 있다.

3.5.4. 단백질을 분리하는 방법

콩 또는 탈지대로부터 단백질을 추출한 액에 칼슘, 마그네슘, 또는 산을 첨가하여 글리시닌을 분리시키는 것임으로 생콩의 향미성분은 상징액 중에 용리되어 탈취된다. 분리 단백질을 잘 정제하면 그의 목적을 이루게 된다. 그러나 단백질의 순도가 95% 이상에서도 완전하게 탈취할 수 없다고 한다. 콩 단백질을 단백질분해효소로 처리하면 냄새성분을 단백질로부터 분리하는데 효과가 있다고 한다. 그러나 이 경우 단백질이 효소작용에 의하여 가수분해가 일어나 펩티드를 생성하여 쓴맛을 나타낸다. 이 쓴 맛을 단백질의 분해효소의 한 종류인 다른 효소를 첨가하여 재결합시켜 제거할 수 있다는 것을 알게 되었다.

사진제공:풀무원

사진제공:풀무원

06

건강식품

콩을 사용한 식품산업

경두부(일반 두부) · 연두부 · 순두부 · 추부에 넣은 두부 또는 충진한 두부 · 컵두부 · 영양강화 두부 · 새로 개발된 두부 들 · 두부에 사용하는 분무건조두유와 두부 · 두부와 관련된 제품 · 두유 · 콩나물과 숙주나물의 제배

우리나라의 콩 식품의 수요는 다른 나라에 비교하여 많은 국가이고, 콩 식품의 대부분은 전통식품으로 옛날부터 경험에 의하여 소규모로 만들고 있었다. 그러나 비교적 근대화한 장치와 기계의 도입 그리고 미생물의 순수배양기술과 발효관리 기술의 발달, 나가 연속적인 자동제어 제조장치의 개발로 인하여 대량생산할 수 있는 근대화된 공장이 건설되고 있다.

식품산업이 대규모로 성장하려면 고도의 생산기술이 필요하고, 소비자의 요구가 많고, 제품의 보존성이 길고, 쉽게 수송이 되어야 한다. 장류는 그 자체가 식염의 함량이 비교적 높아 저장성이 길어 오래 전부터 대규모공장이 건설 되어 판매되고 있다.

최근에 포장기술, 포장재료의 발전과 보존료, 살균제의 개발로 된장, 두부, 두유, 콩나물 등이 대량생산할 수 있게 되었다. 이러한 제품은 포장된 형태로 콜드체인의 유통경로에 실려 슈퍼마켓에서 판매할 수 있게 되었다.

여기에서는 미생물을 사용하는 장류를 제외하고 콩으로 만드는 두부, 두유, 콩나물, 콩 단백질 등의 식품의 제조법에 관해 설명한다.

1 경두부(일반 두부)

두부는 콩 속에 있는 단백질과 가용성 성분을 가열해서 물로 추출하고 이것에 칼슘염 또는 마그네슘염을 가하여 응고시키고 이것을 형틀에서 형성한 것이다. 두부는 보수력이 풍부하여 수분이 87%가 된다. 두부는 부드럽고 촉감이 좋고 독자적인 탄력을 지니고 있어 쌀을 주식으로 하는 우리들에게 잘 맞는 전통식품이다. 단백질은 7%, 지방은 5%를 함유하고 있고 소화가 잘 되는 영양식품이다.

두부는 부패하기가 쉽고, 수송할 때 깨지기 쉬움으로 제조단위가 매우 적다. 일부에서는 비닐튜브 또는 플라스틱용기에 넣어 두부로 판매하고 있다. 앞으로도 두부는 신선한 식품으로 취급하여야 함으로 콜드체인의 경로를 사용하여 판매하게 된다.

1.1. 경두부의 제조공정

경두부의 제조공정을 그림 6-1과 같이 콩을 정선하여 세척하고 침수하는 전처리공정과, 침수한 콩을 마쇄한 다음 가열 여과하여 두유를 만드는 공정, 두유에 응고제를 첨가하여 응고하고, 여과 성형하여 두부 제품을 만드는 공정으로 크게 나눌 수 있다.

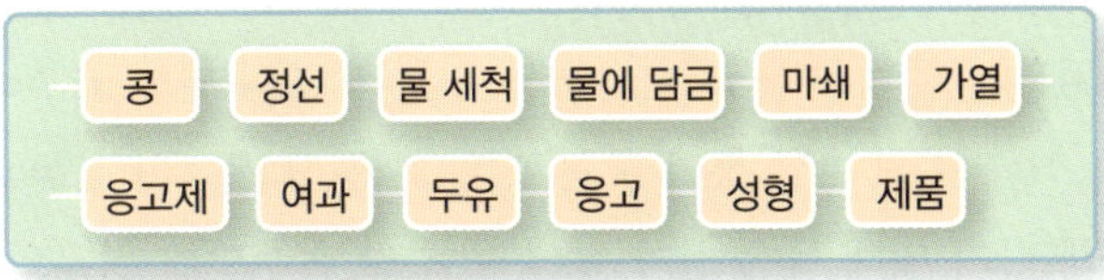

그림 6-1 경두부의 제조공정

1.2. 두부의 제조법

두부를 현재 만드는 방법은 옛날부터 전해온 방법을 개량해 만들고 있음으로 제법에 서로 큰 차이는 없다. 먼저 콩을 물에 담그고 물을 뺀 다음 이것을 연마기로 갈아 끓인 다음 여과포로 여과하여 비지를 제거하여 두유를 만든다. 이때 콩에 있는 단백질 또는 지방 등의 영양이 되는 성분이 두유 속으로 용리한다.

이 두유에 있는 콩 단백질이 마그네슘 또는 칼슘염에 의하여 응고되는 작용을 이용하여 두유를 응고시켜 성형한 것이 두부이다. 그러나 두부를 만드는 방법은 자기의 경험에서 얻은 지식을 기본으로 만들고 있었기 때문에 업자에 따라 콩을 가는 방법, 삶는 방법, 두유를 응고시키는 방법이 서로 다르다. 그러므로 두부를 제조하는데 표준적인 제조법을 정확하게 적는다는 것은 어렵다. 각 공정별로 조건에 따라 두부의 품질, 생산수율 등에 미치는 영향을 검토한 다음 설정된 제조방법을 중심으로 하여 설명하려고 한다.

1.2.1. 콩의 정선과 물에 담금

콩 6.5kg을 먼저 돌과 협잡물을 제거한 다음 물로 깨끗이 씻는다. 이때 물에 뜨는 콩과 종피 등을 제거한다. 그리고 콩을 부드럽게 하기 위해 물에 담가 콩에 물이 잘 흡수되면 원료의 2~2.5배로 부풀게 된다. 콩의 흡수속도는 콩의 종류, 수질, 물의 온도에 따라 다르다. 물의 온도 5°C에서 24시간, 10°C에서 18시간, 27°C에서 8시간정도가 적당하다고 생각되나, 콩이 햇콩이냐, 묵은 콩이냐 또는 콩의 종류 등으로 다소 가감한다. 일반적으로 콩을 이정도로 물에 담그면 중량이 2.2배정도가 된다. 이때 흡수한 콩의 자엽의 단면을 조사하여 침수조건을 판단한다.

1.2.2. 마쇄

흡수한 콩은 마쇄기를 사용하여 물을 가하면서 간다. 최근에는 옆으로 누인 그라인더를 사용하고 있고, 일부에서는 금속으로 만든 분쇄기를 사용하고 있다. 이 마쇄기는 콩의 세포조직을 파괴하여 콩 속에 있는 성분의 추출이 잘되게 한다.

이러한 공정에서 마쇄기를 잘 조정하지 못하거나 또는 물을 가하는 량이 적당하지 않으면 결과는 나쁘다. 갈아서 나온 입자가 거칠면 단백질의 추출이 저하하고, 너무 미세하면 여과가 잘되지 않고 동시에 미세한 입자가 두유에 포함되게 된다. 그리고 열이 발생하는 경우가 있음으로 이러한 점을 고려하여 과부족함이 없게 마쇄한다.

1.2.3. 가열과 여과

가열하는 공정은 두부를 제조하는데 가장 중요하다. 콩의 단백질, 지방과 그 외에 다른 성분을 두유에 잘 용출하도록 하고, 콩 단백질을 적당하게 열변성을 일으켜 응고제로 응고할 때 보수력과 탄력이 있는 두부를 만드는데 중요하다. 그 외에 생콩이 갖고 있는 트립신의 저해물질을 불활성화하고 콩에 붙어있는 세균을 살균하는 효과 도 있다.

마쇄한 콩에 물을 보충한다. 침수하였을 때 흡수한 물을 포함하여 6~7배가 되도록 물을 보충한다. 원료 콩 6.5kg이라고 하면 39~45.5kg의 물을 넣어 희석한다. 희석한 것에 소포제를 첨가하고 증기를 불어넣어 가열한다. 가열조건은 3~5분 동안에 온도를 100°C까지 올린 다음 3~5분간 유지하는 방법을 택하여 균일하게 가열하도록 한다.

1.2.4. 여과

가열한 두즙을 압착여과 하여 두유를 분리한다. 두유 속에는 마쇄할 때 생긴 미세한 입자가 혼합되어 있음으로 다시 미세한 여포로 여과하여 제거한다.

여과가 끝난 두유의 량은 증기를 불어 넣어 응축된 물을 포함하여 원료 콩에 대하여 6~7배가 된다. 여기서 얻은 두유의 량은 39~45.5kg이고 온도는 80~90°C이다.

1.2.5. 응고

응고공정에서 두유의 농도 즉 가수량, 응고온도는 두부의 성상에 영향을 주고, 가수량이 많을수록 또는 응고 온도가 높을수록 두부가 단단해 진다. 두부의 응고성상을 고려할 경우 가수량을 6~7배 정도로 하고, 응고온도를 70~75°C하는 것이 적당하다.

두유의 온도가 응고에 적당한온도로 냉각되었을 때 두유를 잘 저으면서 미리 준비한 물에 응고제를 넣고 다시 약간 빠른 속도로 저어 잘 섞고, 다시 반대로 저어 두유를 10분간 방치한다. 응고제는 콩 6.5kg당 황산칼슘 120~170g을 사용한다.

첨가되는 응고제의 적당한 량은, 응고제의 종류와 품질, 응고온도, 응고제를 가하는 방법, 응고반응시간에 따라 변함으로 응고상태를 잘 관찰하면서 그의 량을 판단한다. 응고제를 적당한 량을 사용하였을 경우는 푸딩과 같은 상태로 응고한다. 일반적으로 두부에 사용하는 응고제는 염화마그네슘, 황산칼슘이고, 염화칼슘으로 만든 두부는 단단하다. 염화칼슘으로 만든 두부는 매우 단단하나 약간 쓴맛이 있다. 황산칼슘은 응고반응이 늦고 두부의 생산수율이 좋고 촉감이 염화마그네슘으로 만든 두부는 단단하나 콩의 본연의 맛과 잘 어울린다.

1.2.6. 성형

응고물을 준비된 여과포를 깐 구멍이 뚫린 성형틀에 넣고 20

분간 압착한다. 성형틀에서 두부를 꺼내 냉각한 다음 적당하게 절단하여 제품으로 한다. 두부의 생산량은 콩의 품질과 제조법에 따라 다르나, 일반적으로 원료 콩의 2.5~3.5배이고, 콩 6.5kg를 사용한 경우는 16~23kg이다.

2 생두부

생두부(연두부, 기누고시)는 두유 전체를 겔화상태로 응고시킨 두부이다. 따라서 생두부는 콩이 갖고 있는 영양소 전체를 함유하고 있다. 두유 전체가 응고하기위해서는 진한 두유를 사용하야 한다.

진한 두유를 만들 경우는 가수량을 적게 한다. 너무 오랜 시간 삶으면 단백질의 추출이 나빠지고, 두유 중에 있는 단백질의 농도는 오히려 낮아짐으로 삶을 때의 가수량과 가열조건을 주의하여야한다. 콩이 흡수한 물, 연마할 때 넣는 물, 증기를 불어 넣을 때의 응축수 등을 모두 합하여 콩의 중량의 5배정도가 되도록 조절한다.

콩 5kg을 물에 담근 다음 10L정도의 물을 넣고 연마기로 간다. 여기에 소포제를 넣고, 마쇄기 또는 파이프를 세척한 물 등을 합쳐서 20L 로 한다. 그 다음 경두부를 만들 때와 같이 5분정도에 100°C로 높이고, 같은 온도에서 3분간 둔 다음 여과공정으로 들어간다. 이때 두즙액은 증기로부터 응축된 물로 인하여 25L 정도가 된다. 이액을 압착여과기로 여과하여 두유 23L 정도, 원료 콩의 4배정도의 두유를 얻는다. 이때 두즙액이 냉각되면 압착여과가 잘되지 않으므로 가급적 빨리 처리할 필요와 두유에 있는 미립자를 여포로 제거할 필요가 있다.

두유의 온도가 70°C까지 냉각되었을 때 두유 1 L당 응고제

황산카슘 3~5g을 소량의 물에 현탁하고 구멍이 없는 성형틀에 넣고 2~3회 살짝 섞고 그 상태로 30~60분간 방치하여 응고시킨다. 성형틀의 밑 부분의 판을 빼고 물속에 넣어 살살 성형틀로부터 빼내고 냉각한다. 이때의 pH는 경두부보다 약간 높고 pH5.7~6.0부근이 된다.

두유를 80°C이상의 고온에서 응고시키면 두부의 절단면이 부드럽지 않고, 균일하게 응고 되지 않는 경우가 있다. 50°C 이하의 온도에서는 절단면이 부드러우나 너무 연하다. 그리고 응고제를 두유 1L당 2g까지 줄이면 저온에서 응고한 경우와 같이 된다. 이와 반대로 7g 정도를 가하면 절단면이 거칠고 방치하였을 때 물이 많이 나오고 맛도 나빠진다. 콩 1kg으로부터 생두부 4.0~4.5kg이 생산된다.

생두부를 만들 때의 응고제는 염화마그네슘을 사용한다. 다만 염화마그네슘, 염화칼슘을 사용할 경우는 반응이 빨리 일어나므로 두유전체를 겔상태로 응고하려면 숙련된 기술이 요구된다.

응고제 글루코노댈타락톤은 물에 잘 녹고 가열함으로서 글루콘산으로 분해되고 이 산이 두유 중에 있는 단백질을 응고시킨다. 미리 두유대하여 0.25~0.30%에 상당한 락톤을 생두부의 성형틀에 넣어 두고, 그 곳에 80~90°C의 두유를 부어 잘 섞고 약 30분간 방치하여 둔다. 이 때 락톤이 분해되어 글루콘산으로

표 6-1 기누고시 or 생두부와 응고제 글루코노델타락톤과 황산칼슘

응고제					
응고온도	응고제량	두 부			
℃	두유당 %	pH g	단단하기	맛	탈려성,
글루코노델타락톤					
75	0.30	5.6	33	나쁨	없다
85	0.25	5.6	43	좋다	있다
90	0.25	5.7	41	좋다	있다
황산칼슘					
75	0.5	5.8	20	좋다	보통
90	0.5	5.4	26	나쁨	응고불균일

분해되어 약산성이 되면서 콩 단배질을 응고시켜 기누고시 or 생두부상태가 된다. 그 다음부터는 황산칼슘을 사용한 경우와 같이 처리한다.

락톤은 용해한 상태로 방치를 하면 분해가 됨으로 용해한 다음 바로 사용하는 것이 좋다. 이 응고제는 응고온도를 황산칼슘을 사용할 때 보다 높게 하여도 반응이 천천히 진행되어 제품의 성상이 좋고 칼슘을 함유하지 않은 생두부가 된다. 글루코노델타락톤의 첨가량이 과다하면 신맛을 느끼게 됨으로 주의하야 한다.

3 순두부(일본식 두부)

순두부는 생두부와 같이 촉감이 좋고 경두부와 같이 단단한 특징을 가지고 있다. 가수량을 7배정도의 두유를 얻고, 이것을 연두부와 같이 성형틀에서 전체를 응고 시킨다. 그 다음 응고한 것을 깨트리지 않게 경두부의 성형틀에 주의하면서 담고 무게를 실어 여과를 하여 약간의 수분을 제거한 다음 제품으로 한다.

4 튜브에 넣은 두부 또는 충진한 두부

경두부와 연두부, 순두부를 만든 다음 소비자의 손에 이르렀을 때까지 위생상 별로 좋지 않다. 이러한 결점을 개선하고 운반하기에 편리하게 한 것이 충진 두부이다. 두유를 플라스틱의 필름으로 만든 원통 또는 플라스틱으로 만든 각형의 용기 담아 응고한 두부를 말한다.

이러한 종류 두부를 만들려면 먼저 연두부를 만드는 방법으로 두유를 얻고, 두유에 응고제를 혼합하였을 경우 빨리 응고 되는 것을 방지하기위해 두유를 10~20°C로 냉각한다. 냉각한 두유 1kg당 황산칼슘, GDL, 염화마그네슘 등을 4g되게 혼합한다.

두유 250g이 들어갈 수 있는 용기를 사용할 경우는 황산칼슘, GDL, 염화마그네슘 등을 1g와 물 8~10ml를 넣고, 여기 잘 혼합될 수 있도록 두유를 넣고 거품을 빼면서 용기를 알미늄선으로 묶거나 또는 뚜껑을 접착시킨다. 그 후 이것을 90°C의 더운 물에서 40분간 응고시킨다. 만일 응고제가 적으면 두부의 절단면이 부드러우나 너무 연하면 형태가 문어 진다. 응고제가 많을 경우는 단단하나 단면이 거칠고 용기 안에서 물이 많이 분리되는 경향이 있고, 맛도 나쁘다. 이러한 두부류의 pH는 6.0부근이다. 그러므로 두부의 응고조건은 90°C에서 40분으로 하고 있으나 연두부는 70°C에서 60분으로 한다.

4.1. 두부의 경도에 미치는 콩으로부터 분리한 두유량의 영향

콩 1kg으로부터 두유의 추출한 양을 달리 하여 폴리프로필렌 또는 폴리스틸렌으로 만든 튜브 속에 넣고 응고제로 응고시킨 다음 이 두부를 용기로부터 빼내어 옆으로 방치하여 두부의 단면을 보면 그림 6-2와 같다. 콩으로부터 두유 4kg으로 얻어 만든 두부는 a의 형태를 나타낸 것과 같이 단단한 두부이고, 5kg이 되게 추출한 두유의 경우는 b와 같은 두부의 형태로 되고 적당하게 단단해진 두부가 만들어진다. 이들 중 어떠한 제품이 좋은가는 소비자의 기호성에 따라 다르다. c, d와 같이 두유 7~9kg를 얻어 응고시킨 두부는 형태를 유지하지 못하고 용기 안에서 분리된 물이 많아 불량한 제품이 된다.

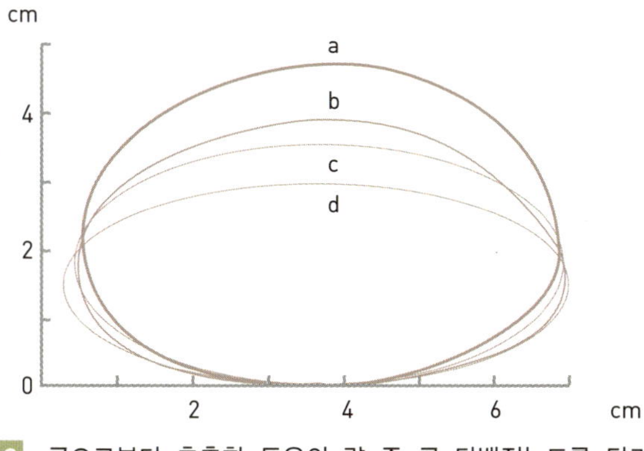

그림 6-2 콩으로부터 추출한 두유의 량 즉 콩 단백질농도를 달리하여 만든 두부의 단면의 변화

4.2. 응고제 황산칼슘을 사용할 경우

튜브에 넣은 두부 또는 충진한 두부를 만들 때는 응고제를 달아 추부에 하나하나 주입할 경우는 시간이 걸림으로 비능률적이다. 황산칼슘을 일정한 량의 물에 현탁시키고, 교반기로 침전되지 않도록 현탁액의 일정한 량을 용기에 주입하고 동시에 다른 입구로부터 들어온 50°C로 조절한 두유와 잘 섞고, 용기를 밀봉하는 방법을 현재 많이 사용하고 있다.

이러한 방법으로는 황산칼슘이 현탁한 액임으로 항상 일정한 양으로 주입한다는 것은 어렵다. 그리고 두유와 혼합되는 것도 균일하게 되지 않는 경우가 있다. 만일 미리 두유와 응고제를 혼합하여 오랫동안 응고되지 않도록 둘 수 있다면 이러한 문제점은 해결할 수 있다.

실온에서 두유와 황산칼슘을 직접 혼합하면 시간이 경과함에 따라 응고반응이 진행되어 빽빽해진다. 그럼으로 미리 두유에 피로인산나트륨 41, 폴리인산나트륨 29, 메타인산나트륨 29, 탄산나트륨 1 등의 중합인산염를 두유의 0.1% 정도를 넣고, 잘 용해한 다음 황산칼슘 0.4%를 가하여 교반한다. 이와 같이 하였을 경우는 두유의 응고 반응은 매우 늦어져 60분간 동안 빽빽해지지 않으므로 교반하면서 연속적으로 용기에 주입할 수 있다.

4.3. 응고제 글루코노댈타락톤을 사용할 경우

글루코노델타락톤은 연두부를 제조하는 항에서 설명한 것과 같이 물에 잘 녹고 실온에서 글루콘산으로 분해하는 속도가 매우 늦으므로 연속적으로 추부에 넣는 두부 또는 충진한 두부를 제조하는데 사용할 수 있다. 실온의 두유에 0.25~0.30%의 글루코노댈타락톤을 넣어 잘 용해하고, 이 용해한 액을 용기에 주입한 다음 묵고 황산칼슘으로 만드는 과정을 거쳐 추부에 주입한 순두부를 만들 수 있다.

두유를 응고할 때 첨가한 글루코노댈타락톤의 농도(두유에 대하여 0.1, 0.2. 0.3%)를 달리하여 실온에서 혼합한 다음 합성수지의 필림에 주입. 실링하여 90°C에서 40분간 가열, 냉각하여 만든 순두부의 성상을 황산칼슘으로 응고시킨 순두부와 비교하였다(표 6-2).

표 6-2 글루코노댈타락톤으로 만든 두부의 성상(나카야마 등)

사용량 (%)	분리된 물량 (ml)	단단하기 (g)	pH	맛
그루코노댈ㅌ톤				
0.1	응고하지 않는다.			
0.3	1.2	32.5	6.4	보통
0.4	0.5	57.7	5.4	산미가 있다
황산카슘				
0.4	0.4	22.0	6.1	보통

두유 50ml 알미늄용기에 넣고 글루코노댈타락톤을 혼합한 다음 10분간, 30분간 방치 한 다음 튜부에 넣고 90℃의 항온수조에서 40분간 가열응고시킨 두부의 성상을 비교하였다(표 6-3). 30분간 방치하여도 두유의 pH, 두부의 단단하기는 큰 차가 없었다. 락톤을 사용한 연두부는 황산칼슘을 사용한 두부와 같은 독자적인 맛이 남지 않았고 단백하다. 그리고 단단하기도 같은 두유로 비교하면 락톤을 사용한 쪽이 높았다. 앞에서 설명한 바와 같이 락톤의 수용액은 오랜 시간 방치하면 가수분해 되어 글루콘산이이 된다. 그럼으로 수용액을 만든 다음 가능한 빨리 두유에 혼합하야 한다. 그리고 락톤으로 만든 두부는 맛과 탄력이 종래의 두부와 약간 다르기 때문에 황산칼슘과과 같이 혼합하여 사용하는 경우도 있다. 추부에 넣은 두부와 충진한 두부는

표 6-3 두유와 글루코노댈타락톤을 혼합한 다음 10분, 30분간 방치하여 얻은 두의 성상

방치시간 (분)	락톤양 (%)	가열전 (pH)	가열후 (pH)	두부의 단단하기(g)
직후	0.1	6.3	5.1	11
	0.2	6.3	5.8	48
	0.3	6.3	5.5	68
10분간	0.1	6.3	6.1	13
	0.2	6.2	5.8	47
	0.3	6.1	5.6	65
30분간	0.1	6.3	6.1	12
	0.2	6.3	5.8	45
	0.3	6.1	5.5	62

모두 위생적이고, 보존성도 좋고, 동시에 장거리수송이 어는 정도 가능하므로 제조규모가 비교적 큰 편이다.

5 컵두부

두유를 추부에 넣은 두부와 같이 같은 농도로 만들고 이것을 일단 냉각을 한 다음 응고제를 혼합하고 플라스틱 또는 종이컵에 분주하고 뚜껑을 다든 다음 가열하면 추부에 넣은 두보와 같이 전체 겔 상태로 응고한다. 그러나 뚜껑을 밀패한다는 것은 어려움으로 열탕 속에서 가열한다는 것은 어렵다. 그럼으로 고주파유전가열장치(전자랜지)를 사용하여 가열하면 능율적으로 목적을 이룰 수 이따. 전자랜지의 중요한 부분은 마그내트론 즉 고주파전파(2450매가핼스, 파장 12cm)의 발진장치이다.

이 전파는 종이와 플라스틱을 통과하여 두유중의 물 분자에 직접 작용하여 발열시켜 급속하게 온도를 높일 수 있다. 온도를 상승시키려면 두유의 양에 따라 다소 차이가 있으나 2~3분간으로 가능함으로 그 후부터는 보온기에 옮겨 응고를 완료한다. 두유 속에는 식염과 같은 전해질이 존재하는 것은 바람직하지 않다. 그리고 용기에 금속을 사용하면 전파는 표면에서 반사되어 내부에 진입되지 않으므로 응고되지 않는다. 컵에 만든 두부는 위생적이고 종래의 두부와 다른 감각을 가진 두부로 앞으로 편리하게 식탁에 오르게 될 제품이라 생각한다.

6 영양강화 두부

두부에 강화한 영양제는 비타민계통이나 첨가량은 두유에 대한 량으로 결정하는 것이 보통이다. 경두부에서는 첨가한 비타민의 일부는 물 쪽으로 분리하게 됨으로 불용성의 비타민을 사용한다. 비타민 B_1은 물에 가용성이지만 질산염, 로단염 또는 벤조일디아민 또는 염산염 등은 물에 녹지 않고 비교적 안정하고 그리고 인체 내로 흡수한 다음 일반 비타민B_1이 되어 같은 생리작용을 나타낸다. 따라서 이들을 두부의 여양강화제로 사용한다.

두유 중에 잘 분산시키기 위해 미리 콩을 갈은 액에 넣거나 응고제에 혼합해 두는 것이 좋다. 첨가하는 기준량은 두부 한모 300g 중에 비타민B_1으로 1 mg이다. 이것은 응고제 100g 중 20~30mg의 디벤조일디아민을 혼합한다. 비타민A는 기름에는 녹지만 물에는 녹지 않는다. 그러나 적당한 유화제를 사용하면 두유 중에 고루 분산시킬 수 있다. 콩을 갈은 액에 첨가하면 콩 속에 있는 효소로 분해될 가능성이 있음으로 두유에 가하야한다. 그리고 두유에 첨가한 비타민A는 경두부의 경우는 일부 손실은 피할 수가 없으므로 추부에 넣는 두부와 충진한 두부에 사용하는 것이 바람직하다. 첨가하는 기준량은 두부 한모에 2,000IU(구제단위)이다. 앞으로 영양강화제로 생각되는 것은 메티오닌 이고 이것을 첨가함으로서 콩 단백질의 영양가는 더 향상된다.

7 새로 개발된 두부 들

무균적으로 충진한 두부는 실온에서 3개월 이상 보존할 수 있는 두부이다. 이것은 두유를 미리 135oC에서 수초 동안 고온순간살균하고 직시 냉각한다. 냉각한 두유에 제균한 응고제액을 넣고 무균실에서 플라스틱으로 만든 살균용기에 주입, 밀봉한 다음 가열, 응고시킨 두부이다. 수출용으로 사용할 수 있고 국내에서는 시판 되지 않고 있다.

건조두부와 냉동두부는 인스탄트면 또는 냉동식품용으로 수요가 있으나 건조 또는 냉동으로 인하여 두부의 성상이 크게 변함으로 잘 사용하지 않고 있었다. 그러나 최근 콩 단백질에 물과 콩 기름을 섞어 교반, 혼합하여 애말죤시킨 것이 두부와 비슷한 성상을 나타내고, 건조, 냉동에 의하여 성상에 변화가 없다는 것을 알게 되어 튀김, 건조식품, 냉동식품으로 사용하게 되었다.

8 두부에 사용하는 분무건조두유와 두부

두부에 사용하는 분무건조두유는 콩으로부터 분리한 두유를 농축 분무건조기를 사용하여 건조한 것이다. 이 분무건조한 두유는 수분 6%, 단백질 53%, 지방 20%, 탄수화물 16%, 회분 5%가 된다.

일단 물에 녹여 가열하면 콩으로 일반방법으로 만든 두유와 같은 것이 얻어짐으로 두부의 원료로 사용할 수 있다. 이 경우 콩을 하루 밤 물에 담그고, 연마기로 갈을 필요가 없고, 비지의 분리기도 필요가 없기 때문에 간단하게 두부를 만들 수 있다. 현재 추부에 넣는 두부를 제조하는데 사용하고, 연속작업으로 하고 있고, 새로운 두부제조공정으로서 주목을 받고 있다. 이 공정을 간단하게 설명하면 다음과 같다.

건조두유를 9~10배의 물에 녹이고 소포제를 넣고 가열하여 끓인다. 만일의 경우를 생각하여 여포로 여과하면 두유를 얻을 수 있다. 9배의 물을 가하면 고형분 10%, 10배의 물을 가하면 고형분 9%의 두유를 얻을 수 있다. 이것을 가능한 빨리 냉각한 다음 콩으로부터 얻은 두유의 경우와 같이 추부에 넣고 두부를 만들 수 있다. 이때 응고제를 글루코노댈타락톤을 사용한다면 미리 냉각한 두유에 섞어두고, 연속적으로 추부에 주입할 수 있다. 이렇게 해서 만든 두부를 콩으로부터 일반적인 방법으로 만든 두부와 비교하면 단단하기, 맛 등에 손색이 없다.

두부용 분무건조두유는 유지를 20%를 함유하고 있어 공기 중의 산소에 의하여 기름이 변패되면 품미가 변하여 두부의 맛이 저하한다. 그렇기 때문에 분무두유를 포장지에 담을 때는 질소가스를 봉입할 필요가 있다. 그리고 저온에 보존해야 한다. 포장지를 개봉한 것은 가능한 빨리 소비하는 것이 좋다. 너무 오랫동안 두면 기름이 변화될 뿐만 아니라 단백질의 용해도가 저하할 가능성 있다.

9 두부와 관련된 제품

9.1. 기름에 튀긴 유부

기름에 튀긴 유부는 경두부를 단단하게 만들고 이것을 얇게 쓰러 압축하여 물의 함량을 적게 한 생지를 저온과 고온의 튀김기름 속에서 2단으로 튀겨 부풀게 하여 만든 것이다. 원래 제품의 색은 채종유를 사용하여 튀겨 생긴 볶은 차의 색이 보급 되어 있으나, 최근 정제한 대두를 많이 사용하고 있음으로 담황색으로 만든 것이 우리나라의 시장에 많이 출화되고 있다.

유부의 종류에 따라 성상에 차이가 있다. 그 중에는 두부의 생지를 남게 하는 것과 전부를 부풀게 하여 망목구조로 되어 있는 것과 이 망목구조가 매우 섬세하고, 전체가 가볍고 깨지기 쉬운 것 등 여러 종류가 있다. 이들의 공통점은 원래의 두부 생지에 비교하여 크게 잘 부풀고, 표면의 수분이 잘 제거되어 있고, 깨지지 않는 형태를 하고 있다.

유부를 만드는 방법은 여러 방법이 있고 이들 제법 중에서 대표적인 방법은 다음과 같다. 원료 콩으로부터 경두부를 만드는 방법에 따라 10배의 가수량으로 두유를 만들지만 이때 가열 온도를 100°C로 하고, 이 온도가 되면 냉수에 넣어 70°C로 내린 다음 여과한다. 온도를 100°C이하로 하는 것도 효과가 있으나 온도의 조절이 어려울 경우는 피하야 한다. 그 다음 두유의 온도가 65°C가 되었을 때 황산칼슘을 콩의 2% 정도 넣고 잘 교반하면서 응고된다.

즉시 콩의 5배량의 물을 넣고 응고물의 온도를 50°C정도로 내리고 상징액의 일부를 제거하고, 응고물을 성형틀에 넣고, 대부분의 수분이 제거되면 빼내어 생지로 한다. 응고물의 온도를 내리는 대신 두유의 온도를 내려 55°C정도에서 응고시키는 것도 좋다. 물을 제거하지 않고 응고물과 같이 모두 성형틀에 넣어 만드는 방법으로도 좋은 결과를 얻을 수 있다. 생지의 수분은 85% 정도, 중량은 콩의 3배정도로 한다. 경두부의 경우는 4.0~4.5배이다.

만든 두부 생지를 얇게 썰어 콩 중량의 2배정도가 될 때까지 물을 제거한다. 이 두부 생지를 110~120°C의 기름 속에 넣고 생지가 떠올라와 2~3분간 튀기고 잘 부풀었을 때 180~200°C의 고온의 기름에 옮기고 3분정도 잘 부풀게 학고 표면의 수분을 잘 증발시킨다. 이 때 완성된 유부의 중량은 원료 콩의 1.0~1.2배정도가 표준이다. 이 공정에서 기름의 사용량은 콩의 1kg에 대해서 300g정도가 된다.

두부 생지는 두유의 가열 온도를 80~90°C로 억제할 필요가 있다 온도가 너무 높으면 잘 부풀지 않는다.

유부는 수분이 적고 보존성이 있으나 공기 중의 산소로 지방이 산화되기 쉬우므로 오랜 기간 보존하는 것은 어렵다. 그러나 최근 산화방지제를 사용하여 어느 정도 산패를 방지할 수 있다.

9.2. 동두부

우리나라에서는 아직 보급되지 않은 식품이다. 일본에서 겨울에 춥고 눈이 적은 지방에서 발달된 식품이다. 옛날부터 전해온 제조방법은 단단하게 만든 두부를 외기의 낮은 온도를 이용하여 동결한 다음에 이것을 단열이 된 장소에서 2주간정도 냉장한다. 이 동안 물의 결정이 점점 성장하고, 단백질의 망목구조가 발달하고, 해동되면서 탄력성이 있는 해면상구조로 됨으로 물을 잘 빼고 건조한 제품이다. 동두부는 최근 냉동기를 사용하여 공업적으로 생산하고 있다. 동두부는 단백질이 50%, 지방 30% 이상을 함유하고 있고 소화가 잘되고 영양가가 높은 식품이다(표 6-4).

표 6-4 동두부의 일반성분(100g중에)

칼로리 cal	수분 g	단백질 g	지질 g	당질 g	섬유 g	회분 g
533	8.1	50.2	33.4	5.3	0.2	2.6

칼슘 mg	리신 mg	비타민 B_1 mg	비타민 B_2 mg
590	710	0.02	0.03

동두부는 저장과 수송하는데 생두부와 튀긴 두부류보다 좋아 제조규모가 점점 대형화되고 있다. 그러나 지방을 많이 함유하고 있어 이 지방이 산화 분해하기 쉽고 제품의 냄새를 저하시키고, 갈변의 원인이 됨으로 저장조건은 가능한 고온과 고습을 피해야한다.

이렇게 만들어진 동두부는 더운물로 복원하면 매우 부드럽고 미세한 해면구조로 되지만 이것은 인공동결로 동결속도가 매우 빨라 두부 속에 형성되는 얼음의 결정이 미세하기 때문이다. 이렇게 만든 좋은 품질의 동두부는 옛날부터 전해온 천연동두부를 만드는 방법으로는 만들 수 없다.

9.2.1. 동두부의 제조법

콩을 하루 밤 물에 담그고, 이 콩을 마쇄기로 마쇄하고, 물을 콩 원료의 15배가 되도록 넣고 가열 여과하여 두유를 만든다. 이 두유를 사용하여 단단하고 내부조직이 균일한 두부를 만든다. 이와 같은 두부를 만들기 위해 응고제는 염화카슘을 사용하여 응고물의 보수성을 적게 하고, 그리고 두유의 농도를 낮게 하여 응고물을 적게 응고시킨다. 그리고 응고를 시킨 다음 상징액을 제거하고 심하게 교반하여 응고물을 적게 한다.

이러한 조작을 잘 하려면 두유의 고형분은 3~4%내외가 좋고 이렇게 만들기 위해서는 가수량을 콩 원료의 15배정도로 한다. 그 후 두유의 온도가 65°C부근이 되었을 때 1N염화칼슘액

(5.5%용액)를 넣어 초종농도가 0.019~0.25N(0.11~0.14%)이 된 상징액을 잘 제거한 다음 남아있는 응고물을 교반하면서 잘 깨트린다. 이응고물을 형틀에 넣고 천천히 눌으면서 물을 빼서 수분 80~83%정도를 함유한 두부를 만든다. 이 두부의 중량은 원료 콩의 2.0~2.2배정도이다.

두부 중에 함유하고 있는 응고제와 당 그리고 다른 수용물질을 제거하고 예비냉각을 하기위해 형틀에 있는 두부를 꺼내 흐르는 물에 담근다. 여기서 얻은 두부를 8cm×6cm×2cm(약 90g)의 크기로 자르고 철판 위에 세워 동결건조공정으로 옮긴다.

동결은 송풍식을 사용하고 바람의 온도는 영하10°C, 풍속 4m/sec에서 1시간정도로 동결한다. 동결이 끝나면 숙성공정으로 옮겨진다. 이 공정은 영하 1~2°C의 냉장실을 사용하고, 위에서 동결한 두부를 미리 구멍이 있는 상자에 불규칙적으로 넣고, 이 상자들을 쌓아 3주간 냉장한다. 그 후 실온으로부터 40°C 정도의 더운물을 사용하여 해동하면 두부는 해면상이 되어 탈수할 수 있는 모양이 된다. 수분 50%정도로 탈수하지만 그 중량은 원료 콩의 0.8~1.0배정도이다. 두부의 해면상조직은 숙성공정을 거치는 것과 안거치는 것에 따라 제품의 형태와 조직이 매우 다르다.

건조는 화력통풍건조방법을 사용하고 건조방법은 먼저 100°C

에서 습도 3~6%, 3시간하고 그 다음 수분이 급격하게 증발되지 않도록 50°C, 습도40%에서 7시간 건조하야 한다. 수분이 제거된 다음 자연건조를 시켜 건조를 끝낸다. 이때 제품의 생산량은 원료 콩의 45% 정도이다.

건조가 끝나면 선별, 정형하고 밀패실에 넣고 봄배로 부터 암모니아가스를 보내어 수 시간 방치하면 가스는 해면조직의 안으로 침투한다. 이 공정을 암모니아가스공정이라고 한다. 동두부는 단백질과 지방이 풍부한 식품이고 동두부 10개를 포장단위로 하고 있다.

9.2.2. 동두부의 품질과 제조조건

동두부를 제조하는데 중요한 곳은 두부의 제조조건과 동결조건이다. 생두부를 만들 때의 응고온도 와 응고제의 첨가량이 적당하지 않으면 동결시킨 다음 해면조직화 되는 것이 늦어지거나 탄력이 없는 저질의 제품이 된다.

9.2.2.1. 응고제의 사용량

응고제의 사용량을 과부족이 없도록 하기 위해 응고 중에 있는 두유를 육안으로 관찰하는 것이 보통이고 응고물의 상태가 칼슘의 일정량으로 갑자기 변화된다. 이 한계점은 약간 많은 양을 적당한 량으로 하고 있다. 이 량은 앞에서 설명한 것과 같이 0.019~0.025N 이다.

9.2.2.2. 응고온도와 동결속도의 영향

응고온도가 높으면 낮은 때보다 탈수가 잘되나 해동한 다음 거칠고 품질이 떨어진다. 온도가 너무 낮으면 탈수가 잘 되지 않는다. 그리고 동결속도의 영향을 보면 동결속도를 아주 늦게 하면 탈수성은 처음 붙어 좋으나 조직이 거칠게 되고 제품의 질이 나쁘다. 그리고 빨라지면 조직이 너무 미세해져 바람직하지 못하다.

특히 내부의 동결속도가 너무 빠르면 건조를 한 다음 중심부에 각질화 된 부분이 생기는 경우가 있다. 이것을 방지하기위해서는 2단 동결이라고 부르는 방법으로 처음은 송품온도를 낮게 하고 품속을 빠르게 하고 표면의 부분의 동결을 급속하게 한다. 그 다음에 송품온도를 높이고 품속을 낮게 하여 내부의 동결을 완만하게 하여 좋은 결과를 얻고 있다.

9.2.2.3. 저장 중에 일어나는 갈변반응

동두부를 저장하는 동안에 동두부의 표면에 갈색의 반점이 생기는 경우가 있다. 이것은 동두부 속에 있는 30% 정도의 지방이 공기 중에 있는 산소에 의하여 산화를 일으켜 안모니아가스에 의하여 중합을 일으키거나 또는 지방의 산패에 의하여 생긴 칼보닐화합물이 단백질의 아미노기에 결합하여 갈변물질을 만들었기 때문이다. 이것을 방지하려면 산화방지제를 사용하는 것이 유효하나 현재 합성품은 식품첨가물로 허용된 것은 한정되어 있다.

그 외에 저장할 때의 온도를 낮게 하고, 광선을 차단 할 필요가 있다. 그리고 철과 동 등 중금속류와 접촉을 하지 않도록 하야 한다. 특히 해동할 때 사용하는 물의 조성에 관하여 주의 할 필요가 있다

10 두유

두유는 콩을 하루 밤 물에 담근 다음 물을 가하면서 그라인더로 마쇄하고, 다시 물을 넣어, 가열, 여과하여 만든다. 우리나라에서는 두부제조공정 중 중간공정의 제품이라 할 수 있다. 회사에 따라 가열과 여과를 반대로 하여 여과한 다음에 가열하는 경우도 있다. 그리고 콩을 물에 담그기 전에 건조한 상태에서 분쇄를 한 다음 물을 넣고, 가열, 여과하는 경우도 있다.

10.1. 콩으로부터 두유를 만들때 두유의 성분에 미치는 가수량의 영향

어느 공정이든 두유의 고형분 또는 단백질농도는 콩에 가한 물의 양으로 결정된다는 것은 두부의 제조방법에서 설명하였다.

콩으로부터 두유를 제조할 때 두유의 성분에 미치는 가수량의 관계를 보면 표 6-5에 나타낸 것과 같이 두유중의 고형물질과 단백질, 지방, 회분의 함량은 가수량이 적을수록 높고, 두유의 여과된 양은 많아진다. 두유 중에 지방의 함량은 단배질의 함량과 비교하면 반정도이이고, 우유는 이 두 성분은 서로 같은 양을 함유 하고 있다. 두유를 음료용으로 사용할 경우 우유와 비슷한 성분의 조성을 만들기 위해서는 식물성유지를 첨가, 유화시키는 방법을 미국에서는 널리 보급되고 있다. 이러한 방법은 호모지

표 6-5 두유를 제조할 때 가수량과 두유의 성분 조성의 관계

가수량 배	가열시간 분	고형물 %	단백질 %	지 방 %	회 분 %
5	3	11.1	.1	2.9	0.5
7	3	8.6	4.0	2.1	0.5
10	3	6.2	2.9	1.6	0.3
15	3	4.3	2.0	1.0	0.2

나이저를 사용하여 교반, 분산시킨다. 그리고 당류, 무기염, 비타민 등의 첨가를 하고 있다.

10.2. 두유를 음료용으로 사용할 경우의 문제점

두유를 음료용으로 사용할 경우 두유취, 성분조성, 보존성이 등이 문제가 되는 경우가 있다.

두유취의 탈취법에 관해서는 두부를 제조하는 항에서 설명하였음으로 그 곳을 참고하기를 바란다. 그리고 두유중의 지방의 함량이 부족한 점은 식물유를 보충, 첨가함으로서 해결할 수 있다. 그리고 황을 함유한 아미노산이 부족한 점은 매티오닌 또는 매티오닌설퍼옥시사이드의 첨가 또는 황을 함유한 아미노산을 많이 함유하고 있는 깨 단백질을 첨가함으로서 개선할 수 있다.

일반적으로 만든 두유 중에는 바실러스와 같은 내열성미생물이 남아 있고, 와전하게 살균하려면 향미에 영향을 미칠 정도로

120°C에서 20~30분간 가압증기살균법으로 고온살균을 해야 한다. 그러나 완전하게 살균할 수가 없기 때문에 보존성이 있는 음료로 취급할 수 없고 냉장할 필요가 있다. 두유의 보존성을 높이는 다른 방법은 분무건조하는 방법이다. 이 건조두유는 분무조건을 조절하거나, 당류를 첨가하여 물에 잘 풀리게 할 필요가 있다. 보존 중에 고온과 습도가 높은 곳에서는 단백질의 용해도가 저하함으로 주의할 필요가 있다.

최근 우리나라에서는 두유가 대규모로 생산되고 있다. 이 두유는 콩 중에 있는 리포옥시개나아제를 가열하여 불활성화시켜 유지의 산화분해를 방지함으로서 마시기 좋은 제품이 된다. 대부분의 두유는 두유를 고온단시간가열로 멸균하고, 이 멸균한 두유를 살균한 용기에 무균적으로 충진하는 방법임으로 만든다. 이와 같이 살균하여 포장한 두유는 저온에서 3개월간 보존이 가능하다.

11 콩나물과 숙주나물의 재배

콩나물과 숙주나물은 콩 과 녹두를 광선이 차단된 환경에서 발아시킨 것으로 비타민C와 유리 아미노산이 풍부한 식품이고, 영양가치가 높은 야채로 사용하고 있다.

11.1. 원료

원료 콩은 콩과 녹두를 사용한다. 콩은 주로 국산콩을 사용하고, 콩의 크기가 중립 이상의 큰 콩을 사용 한다. 녹두는 녹색의 껍질을 한 그린그람과 검정색의 껍질을 한 브랙크만배의 두 종류를 사용하고 있다.

11.2. 콩나물과 숙주나물의 재배

원료 콩을 소독한 용기에 넣고 40~50°C의 물에 3~4시간 침수하고, 이것을 건져 망이 있는 용기에 넣어 22~23°C의 실온에서 발아시킨다. 하루 정도에서 발아함으로 발아 한 다음은 4~5시간 간격으로 22~24°C의 물을 산포하고, 6~7일정도 발육시키다. 10cm정도로 유아근이 자라면 이것을 꺼내어 물로 씻고 동시에 콩 껍질을 제거한다. 그 다음 물탱크에 옮기고 0.01%차아황산나트륨액에서 표백한 다음 포장하여 출하한다. 최근에는 식품첨가물의 사용을 피하는 경향이 있어, 표백을 하지 않는 것이 많아지고 있다. 표백제를 사용하지 않으면 기온이 높은 여름

철에는 황변하기 쉽고, 부패도 빨라진다. 콩과 녹두 1kg로부터 중량으로 7~9kg의 콩나물과 숙주나물이 된다.

사진제공:풀무원

사진제공:풀무원

07

건강식품

콩과 대두박을 새로운 식품으로 이용

일반식품에 사용하는 탈지대두 · 건조두유 · 70%단백대두분 · 대두단백커드 · 분리대두단백 · 대두단백분 또는 대두단백질 · 대두단백섬유 · 해면단백 · 조직화된 대두단백

탈지대두는 사료용으로 대량 사용하고 있다. 우리나라에서 탈지대두를 식품으로 가장 많이 사용하는 것은 간장이고, 두부와 된장은 콩의 일부가 탈지 대두로 대치되고 있다. 최근에는 탈지대두를 정제하여 냄새를 제거하거나 또는 불소화물을 제거하고 단백질만을 분리하여 인조육과 같은 새로운 식품원료로 개발되고 있다. 식용탈지대두에서 가장 문제가 되는 것은 단백질의 수용성(NSI)이나, 탈지대두를 미분으로 하여 그 자체를 식품에 첨가할 경우는 냄새를 제거하고 효소활성을 저하시키기 위해 가열하는 경우가 많고 NSI는 낮아진다. 그러나 건조두유, 70%단백대두분, 분리대두단백의 원료로 되는 것은 NSI가 높은 것이어야 한다.

1 일반식품에 사용하는 탈지대두

직접 탈지대두를 사용한 식품에는 과자, 빵, 도너츠, 소시지 등이 있다. 빵에 사용할 경우 전분의 노화를 방지하는 효과가 있고 영양강화 또는 맛을 개선시킨다. 최근에는 탈지대두분에 기름을 첨가한 것이 빵의 품질을 더 좋게 한다고 한다.

콩가루에는 리포옥시다아제가 있고, 이것이 밀가루에 함유된 카로티노이드색소를 분해해 표백효과를 나타냄으로 이 경우는 탈지대두를 미리 가열하지 않는다. 도너츠에 사용할 경우는 기름의 침투를 방지하게 됨으로 기름이 절약되고 맛이 개선된다. 소시지의 경우는 분산되어 있는 지방이 모여 분리되는 것을 방지하는 효과가 있다. 소시지에서는 가열온도가 낮으므로 탈지대두는 가열하여 탈취를 잘 할 필요가 있다.

1.1. 빵과 면에 사용

밀가루를 물과 반죽하면 글루텐이 되어 점탄성이 나타나고, 이 성질을 빵과 면의 제조에 이용한다. 이럴 경우 미리 대두분과 혼합해 반죽하면 같은 점탄성을 가진 생지를 만들기 위해 물을 여분으로 가할 필요가 있다. 이것은 대두분의 보수력이 크다는 것을 나타내고 있다.

1.1.1. 제빵

탈지대두를 제빵용으로 밀가루와 혼합하는 장점은 빵의 영양강화 특히 리신의 강화와 노화방지작용이다. 소맥단백에 비해 대두단백은 리신을 많이 함유하고 있으므로 리신의 값이 비싼 시대는 매우 중요성이 높았다.

빵을 만들 경우 노화방지는 매우 중요하다. 원래 탈지대두는 보수성이 좋아 수분을 보유하는 힘이 강하기 때문에 전분으로부터 수분을 뺏어 빵의 노화를 방지한다. 또한 탈지대두는 빵을 제조할 때 효모의 좋은 영양소가 되어 발효가 활성화되어 빵의 품질을 좋게 하는 효과도 있다.

빵에 사용하는 탈지대두는 변성하지 않은 효소활성이 강한 것보다 가열한 것이 좋다. 미 변성한 것은 리포옥시다아제의 작용으로 소맥분 속에 있는 카로틴을 산화표백하는 효과가 있다. 가열한 대두분은 빵의 생지를 부드럽게 하는 경향이 있고 이러한 점에서 글루타티온과 같이 환원물질과 같은 효과를 나타낸다. 최근에 과자 빵에 많이 사용되고 첨가량은 2~3%이다.

유지를 첨가한 탈지대두분을 식빵용으로 사용한 소맥분에 대해 1, 2, 3, 4, 5%를 혼용한 경우의 빵을 만든 성적을 보면, (1) 소맥분과 반죽해 생지를 만들 때 좋은 생지가 되고 기계내성이 개량된다. (2) 빵의 용적이 증가하고, (3) 표피의 색깔과 광택이 향상되고, (4) 피질이 부드러워짐으로 종래에 단단한 식빵의 외

표 7-1 제빵에 미치는 유지를 첨가한 탈지대두분의 첨가량의 영향(일본빵과학회)

b	대조	탈지대두분의 첨가량(%)				
		1	2	3	4	5
생지1개당 중량(g)	450	450	450	450	450	450
소성중량(g)	388	391	394	394	302	390
소 감 율(%)	13.8	13.1	12.4	12.4	12.	13.3
체 적(cc)	2,068	2,089	2,195	2,230	2,230	2,189
기 공 율(cc)	533	574	557	565	569	561

▶ 70% 중종법 3시간 발효법으로

피를 부드럽게 한다. (5) 내부의 색상은 3%를 첨가한 것 까지는 대조구에 비해 차이가 없고, 첨가량을 더 증가시키면 크림색을 띠게 되고 오히려 좋은 질의 빵이 된다. (6) 압축도(compressibility)의 측정에 의하면 2일간의 선도유지가 가능하고 (7) 풍미가 좋아지는 등의 효과가 있다(표 7-1). 빵 속에 대두분을 혼용할 경우 소맥분에 대해 3% 이내를 일반적으로 사용하고 있다.

1.1.2. 제과

탈지대두분을 도너츠에 사용하면 기름의 침투를 방지해 기름의 사용량을 감소시킨다는 것은 오래 전부터 알려져 있다. 탈지대두분을 도너츠믹스에 넣음으로서 믹스에 흡수량을 조절 할 수 있고 동시에 맛과 표면의 색을 좋게 한다. 일반적으로 소맥분에 대해 2~5%를 첨가한다.

1.1.3. 제면

면을 만들 때 대두분을 첨가할 경우 만든 면의 반죽이 수분을 많이 보유할 수 있으나 같은 가수량으로 반죽해 면을 만들어 끓일 경우, 대두분을 첨가한 것은 면이 풀리는 것이 적어 첨가하지 않은 것 보다 삶는 시간을 길게 할 수 있다. 따라서 면의 흡수를 많게 할 수 있어 면의 생산량이 많아지고, 삶은 면의 광택이 좋아지고, 색은 연한황색을 띠고, 촉감은 강력분으로 만든 면과 비슷하다. 그러나 대두분의 첨가량이 너무 많게 되면 면을 삶을 때 풀려지는 것이 심해진다.

1.1.4. 소시지

소시지에 탈지대두분을 사용하는 것은 대두분이 갖고 있는 유화작용에 의해 소시지 중에 있는 기름의 분리를 방지할 수 있다. 소시지에는 기름을 20% 정도 함유하고 있으므로 가공하는 동안 기름이 한 곳에 모이게 되면 문제가 있어 탈지대두분을 많이 사

표 7-2 포크소시지를 만들때 대두분의 첨가량의 영향

원 료	대 조	대두분첨가량		
		5.7%	6.5%	7.5%
돼지 살코기부분	70.0	55.0	52.5	50.0
되지 지방부분	15.0	18.3	18.8	19.3
대 두 분	0	5.7	6.5	7.5
빙 수	15.0	21.0	22.2	23.1
합 계	100.0	100.0	100.0	100.0

▶ 중합인산염 : 0.3% 첨가

용한다.

포크소시지를 만들 경우 대두분을 제품의 5.7. 6.5, 7.6%를 각각 첨가해 만든 결과 표 7-2에 나타낸 것과 같이 5.7%까지는 제품에는 거의 차가 없고, 조직 상태는 표면이 약간 거칠고, 내부조직은 좋고, 맛은 대조구과 비교해 차이가 없고, 고무모양의 촉감을 나타낸다.

2 건조두유

2.1. 탈지대두박을 이용한 건조두유의 제조

건조두유를 제조하려면 탈지대두를 물로 추출해 가용성성분을 잘 추출해 내야한다. 이때 사용하는 물의 양이 많을수록 단백질의 용출이 잘 되나, 너무 많은 양을 사용하면 다음 공정인 농축한 공정에서 시간과 경비가 많이 필요함으로 적당한 양의 물을 사용할 필요가 있다. 원료인 탈지대두의 10배정도의 물을 가하는 것이 적당하다. 추출을 실온에서 하는 것과 고온에서 하는 방법이 있다. 대부분은 약간 온도를 높여 다음의 처리를 쉽게 하거나 또는 제품의 생물활성을 낮게 해 그의 안전화시킨다.

추출이 끝나면 불용성 물질을 여과한다. 여과는 샤푸래스형 또는 대칸타형을 사용하는 경우가 많다. 추출여과액은 감압하에 농축해 고형분을 15%정도로 한다. 농축도를 높이면 점도가 높아지거나 응고를 일으켜 다음 분무건조처리공정에서 불리해진다. 추출 여과 후에 가열처리를 하는 것이 농축도를 높일 수 있으나 여과하는데 문제가 생긴다.

농축액은 분무건조기로 건조하고, 수분이 2~3%정도의 분말두유로 완성한다. 건조기의 입구에 있는 공기농도는 180℃, 출구의 온도는 90℃이다. 건조두유의 조성 단백질이 60~70%

정도가 되고 그 외에 탄수화물이 많다. 건조온도가 적당하지 않으면 제품의 단백질은 열에 의해 변성되어 물에 대한 용해도가 저하된다. 100%로 용해하는 것이 바람직하다. 물에 완전하게 용해되어도 미세한 분말이기 때문에 물에 친화력이 부족하다는 결점이 있다. 이 때문에 용도에 따라 제품에 설탕 또는 다른 당류를 첨가 혼합하는 경우가 있다.

2.2. 건조두유의 용도

2.2.1. 아이스크림에 이용

건조두유를 현재 가장 많이 사용하는 것은 아이스크림이다. 탈지분 대신 사용하는 분말두유를 아이스크림용 믹스에 혼합하면 같은 고형분으로 혼용하지 않은 것과 비교할 경우 점도가 높고, 에이징에 의한 점도의 증가가 좋다는 것은 얼릴 때 기포를 안정화시키는데 효과가 좋다. 그리고 아이스크림의 형태를 유지하는데도 효과가 있다고 생각된다(표 7-3).

표 7-3 아이스크림믹스의 점도에 미치는 믹스중 분말두유 첨가농도의 영향

분말두유함량 %	제조직후의 점도 cp	에이징 직후의 점도 cp	점도차 cp
0	56	76	20
20	110	150	31
30	155	225	70
40	295	423	127

표 7-4 분말두유와 탈지분유와의 유화성의 비교

	원심분리 후의 분리된 유지량(g)
분말두유	10
탈지분유	21

▶ 유화액의 조성 : 지방 84.5%, 분말두유 또는 탈지분유 12%, 물 3.5%

그리고 분말두유는 아이스크림믹스의 유화성을 좋게 함으로(표 7-4) 다른 유화제의 안정제를 감량할 수 있다. 그리고 냉각 또는 얼리는 중에 오버런의 변화는 아이스크림에 중요한 수치이고(그림 7-1) 아이스크림믹스 에 있는 유당의 결정화를 늦추게 한 결과 샌드내스를 방지하는 효과도 인정되고 있다. 표 7-5는 분말두유를 배합한 아이스크림배합의 예이다.

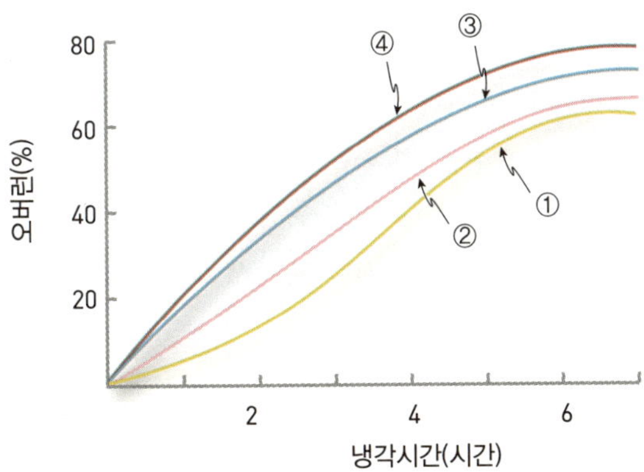

무지고형물중 분말두유의 배합비
① : 10%, ② : 20%, ③ : 30%, ④ : 40%

그림 7-1 오버런에 미치는 분말두유농도의 영향

표 7-5 분말두유를 배합한 아이스크림믹스의 배합의 예

	가	나
가당연유	1000	–
분말두유	300	300
탈지분유	480	700
쇼트닝	215	300
분말엿	500	500
포도당	800	200
감미료	3.3	5
설탕	–	1000
모노글리세라이드	20	30
CMC	40	20
향료	–	–
물	6,642	6,945
합계	10,000	10,000
오버런(%)	85	92

2.2.2. 제과에 이용

건조두유는 군 과자의 원료에 밀가루의 일부를 대치할 수 있다. 건조두유는 밀가루와 같은 흡수성이 없으므로 너무 많이 사용하면 반죽의 점성이 약해진다. 따라서 소맥분은 박력분 대신 강력분을 사용하여 밀가루의 30%를 건조두유로 대치할 정도면 대조구와 큰 차이가 없다.

건조두유는 물에 녹여 심하게 교반하면 거품이 생기므로 계란 또는 난백의 대신에 과자원료로 사용할 수 있다. 거품의 성질은 농도 7~9%에서는 크기가 작고, 안정성이 우수하여 난백과 차

이가 없다. 소형 가스테라에 계란 고형물의 10~30%를 건조두유로 대치한 실험결과에서는 10~20%정도로 대치할 수 있고, 특히 기포상태가 좋아진다.

2.3. 콩을 이용한 건조두유의 제조

콩으로 건조두유를 만들어 가정에서 만드는 즉석두부와 연제품, 제과, 음료 등의 원료에 사용하고 있다. 미국에서는 콘시럽, 맥아당, 인산염, 식염, 식물성 기름 등을 첨가, 혼합 균질화한 것을 분무건조된 조제 두유를 만들어 채식주의자 또는 알러지성 체질인 사람들의 우유대용으로 공급되고 있다. 미국에서는 콩을 마쇄 여과하여 가열하는 방법이 많다. 외국에서는 콩을 마쇄한 다음 여과하지 않은 두유즙 상태로 분무건조하여 건조두유와 같은 용도로 공급되고 있다. 이 경우 다소 소화가 되지 않는 섬유를 함유하고 있으나 콩으로부터의 생산수율은 높다.

제조공정은 그림 7-2와 같이 침수가 끝난 콩을 먼저 멸균 솥에서 100°C 45분간 가열하고 150°C 10분간 건조한다. 그 후 두 쪽으로 나누고 콩 껍질을 제거한 다음 미분쇄하고, 60°C의 더운 물을 가한다. 가수량을 조절해 고형분을 15%로, 호모지나이저에서 잘 유화시킨 다음 분무건조한다.

미국농무성에서 개발한 Gelsoy는 탈지대두를 먼저 알코올처리 하여 물로 추출한 액을 농축 분무건조 후 물에 용해시켜 가열

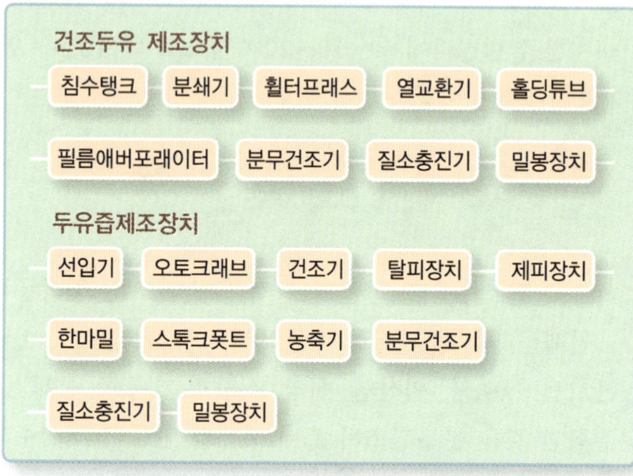

그림 7-2 건조두유와 두유즙을 제조하는 장치

하면 겔이 형성되는 특성이 있다. 두유취가 콩 속에 있는 리포옥시다아제의 작용으로 생성되기 때문에 콩을 분쇄직후 즉시 또는 분쇄하기 전에 가열해 이 효소의 활성을 불활성화시켜 두유의 냄새를 감소시키는데 효과가 있다고 보고되어 있다.

3 70%단백대두분

70%단백대두분은 농축 대두단백이라고 하기도한다. 탈지대두로부터 탄수화물 또는 대두취에 관련된 물질을 제거한 것으로 단백질의 함량은 이 건조물 중에 70%이상이다. 저온탈지대두는 단백질이 약 50%정도 포함하고 있고, 그 외에 가용성 또는 불용성탄수화물이 많다. 건조두유는 탈지대두로부터 불용성탄수화물을 제거한 것으로 이것도 단백질의 함량이 원료탈지대두보다 다소 높게 함유하고 있다

3.1. 산과 알칼리 처리법

대두분의 단백질의 추출곡선을 보면 pH4.1부근 또는 염화칼슘의 0.017N에서 최저치를 나타내고 있고, 이점에서 질소의 용출이 가장 적다. 이러한 점을 이용해 70%의 단백대두분을 만들려면 먼저 저온탈지대두를 연한 산을 사용해 pH4.3에서 추출한다. 이러한 처리를 함으로서 단백질은 별로 용출되지 않고 탄수화물과 대두취 등이 용출된다. 추출물을 물로 씻은 다음 원심분리 또는 여과하면 남는 것은 단백질과불용성 탄수화물이 주성분이 된다. 건조시켜 수분을 제거하면 대두취가 적고 색이 연한 70%단백대두분을 만들 수 있다. 경우에 따라 산을 중화해 pH7.0부근으로 하기도 한다. 이것은 단백질 함량이 높아 식품에 이 대두분을 첨가할 경우 그의 첨가효과가 탈지대두의 경우보다 효과가 좋다. 특히 중화한 것은 이용범위

가 넓다. 재과, 제빵에 이용되고 그 외에 육가공품에 혼합할 수 있다.

3.2. 알코올처리법

70%단백대두분은 연한 산으로 처리하는 대신 알코올을 사용할 수 있다. 탈지대두 속의 단백질은 물에 용해할지라도 알코올에는 잘 녹지 않는다. 특히 알코올농도가 높을수록 용해도가 낮다. 이러한 성질을 이용해 콩 속 에 있는 당류가 보다 많이 용출되고 단백질이 가능한 용해되지 않는 농도의 알코올로 탈지대두를 처리 하면 대두취성분과 색소의 일부가 같이 용출되어, 색이 희고, 냄새가 적은 70%단백대두분을 얻을 수 있다. 알코올은 단백질을 변성시킴으로 대두단백질의 기능적인 성질의 일부가 없어져 용도가 다소 제한된다.

3.3. 가열처리법

70%단백대두분은 미변성 탈지대두의 단백질을 일단 불용화시킨 다음 물로 세척하여 당류, 냄새성분 등을 제거하는 방법으로도 만들 수 있다. 이 방법은 탈지대두를 증기로 처리하는 것이 가장 간단하고, 이로 인하여 단백질의 수용성을 10%이하로 저하시킬 수 있다. 물로 세척한 다음 필요에 따라 건조시킨다. 증기 처리로 등의 가열로 당의 일부는 단백질과 일부 결합하고 다소 착색되거나 냄새성분을 생성한다. 그리고 가열처

리로 인해 단백질이 열변성을 받아 기능적인 성질이 일부 상실됨으로 이 용도가 제한된다.

증기처리 대신에 탈지대두의 3~4배의 물을 가해 교반하면서 가열을 한 다음 동결 또는 영하 1~2℃정도에서 냉장하면 단백질은 70%정도로 불용화됨으로 이것을 물로 씻고 건조하면 70%단백대두분에 가까운 것이 만들어 진다. 착색 착향이 적다는 장점이 있으나 생산수율이 낮다.

그 외에 탈지대두를 물 또는 알칼리로 처리해 단백질을 먼저 용출한 다음 산으로 침전시키고, 물로 잘 씻은 다음 건조하여 만드는 것도 있다. 제조하는 방법은 일반적으로 만드는 70%단백분과 약간 다르다. 주성분은 서로 비슷하나, 여기에서는 일단 용해시킨 다음 다시 침전시키고 있기 때문에 다른 70%단백대두분과 단백질이 존재하는 상태는 매우 다르다고 할 수 있다.

4 대두단백커드

4.1. 제조법

대두단백커드는 수산가공 및 연제품에 혼합해서 사용하며, 성분은 70%단백대두분에 속하나 단백질은 일단 물에 녹여서 재침전한 것으로 건조시키지 않고 함수상태로 어묵제품의 제조에 사용하는 점이 다르다.

원료 탈지대두는 입도가 적은 것이 좋고, 130매쉬 이하가 되는 것을 사용하고 있다. 대두단백커드를 제조하는 방법은 저온탈지대두를 8~10배량의 물에 분산시키고, 100℃에서 10분간 가열하면 단백질의 대부분이 더운물로 용출되고, 불용성의 섬유 등은 밑으로 침전된다. 그 다음 이것을 여과하지 않고 응고제로서 염화칼슘를 첨가하여 단백질을 침전시킨다.

상징액을 제거하고 물로 여러 번 씻은 다음 바스캣트 원심분리기로 물을 빼내면 수분이 80%정도의 단백질과 불용성탄수화물의 혼합물을 얻을 수 있다. 대두취가 잘 제거되고 단백질의 함량이 높다. 대두 단백의 커드의 조성은 수분 81~83%, 단백질은 11.5~12.5%, 탄수화물 4.5~5.5%, 섬유1.0%, 회분 1.0%이다.

4.2. 용도

대두단백커드는 수산연제품에 어육과 혼합해 사용할 수 있다. 미리 쵸퍼에서 갈은 어육을 대두단백커드와 혼합하고, 필요에 따라 전분, 조미료를 가한다.

어육소시지의 경우는 향신료를 추가로 첨가한 다음 잘 혼합하여 성형 또는 형철해 가열하면 어육과 친화되어 탄력성이 있는 겔이 형성되고, 촉감은 어육만을 사용 것과 별로 차이가 없다. 어종에 따라 차이가 있으나 어육의 원료에 대해 20~30%를 혼합해도 제품의 갤 강도에 큰 차이가 없다. 보통 20% 전후를 사용하고 있다.

대두단백커드는 대두취가 잘 제거되어 풍미가 단백하기 때문에 조미, 착향, 착색이 자유로운 장점을 갖고 있다. 이 단백은 부패하기 쉬우므로 냉장보관해야 한다. 그러나 동결하면 물성의 변화가 생겨 좋지 않다.

5 분리대두단백

5.1. 제조법

분리대두단백의 제조법은 먼저 저온탈지대두로부터 물 또는 알칼리로 가용성물질을 추출한다. 추출은 탱크 안에서 교반하면서 추출한 다음 채로 여과한다. 이때 미세한 입자들을 원심분리법으로 제거한다. 추출액을 염산으로 pH4.3으로 조절하면 단백질은 침전한다. 상징액을 제거하고 침전물을 물로 씻고, 탈수하고 선반형 건조기에서 과열되지 않게 주의하면서 건조하여 분리대두단백을 만든다. 생산수율은 원료탈지대두의 30~35%이고, 순도는 90~95%이다.

용도에 따라 선반형건조법 대신에 현탁액을 분무건조한다. 또는 산침전물의 pH를 7.0까지 중화하여 용해한 다음 분무건조한 것 또는 펩신효소를 사용하여 산침전단백질을 pH2.0에서 부분적으로 가수분해하고, 가용화하여 중화시킨 다음 분무건조한 것을 만든다.

분리대두단백질을 제조함에 있어 원료탈지대두의 단백질용해도, 입자의 크기, 가수량, 추출온도, 추출시간 등 외에도 추출방법, 여과방법 등이 제품의 조성과 생산수율에 크게 영향을 미친다.

5.2. 용도

분리한 대두단백은 설탕시럽액의 기포제로서 제과방면에 사용하고, 소시지의 지방분리방지제 또는 식물유, 쇼트닝, 유화제, 안정제와 같이 혼합해서 생크림의 대용품으로 사용해 왔다. 그러나 최근에는 분리대두단백은 이와 같은 특수한 성질을 이용하는 것보다 영양가에 보다 관심을 갖게 되어 단백질 강화용 또는 단백질식품의 대치, 그리고 인조육의 주원료 등으로 사용하게 되었다. 섬유단백이 대표적인 예이다. 분리 단백의 생산량은 최근 급격히 증가하고 있다.

6 대두단백분 또는 대두단백질

분리대두단백분은 함수상태로 가열하면 결착해서 탄력이 있는 겔을 형성한다. 이 겔의 성질은 단백질자신의 pH에 의해 매우 다르고, pH가 중성 또는 약알칼리성의 경우는 탄력성이 높다. 따라서 중화한 함수단백은 단독 가열함으로서 결착성이 나타낸다.

그러므로 육류를 사용하지 않는 소시지 또는 수산 어묵 등에 사용할 수 있다. 이러한 것은 섬유류를 포함한 앞에서 설명한 대두단백커드보다 많이 어육류에 섞어도 제품의 맛에 끼치는 영향이 적다. 이와 같은 대두단백의 겔화 공정은 그림 7-3과 같다.

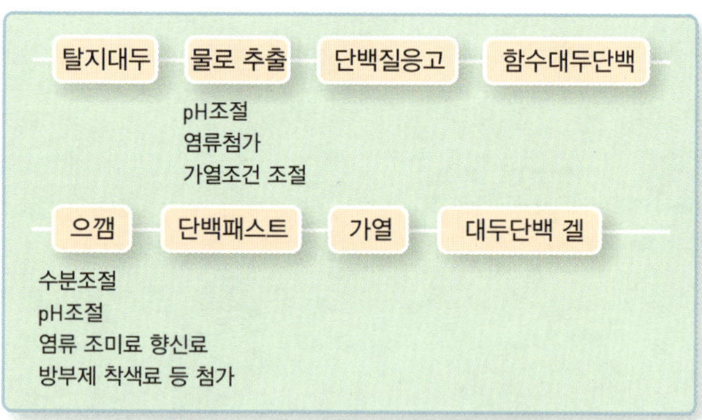

그림 7-3 대두단백의 겔화공정

대두단백 겔을 씹는 촉감은 페이스트 자신의 pH이외에도 수분과 염류 등의 영향을 받고, 원료대두의 NSI에 의해서도 다르다. 예를 들면 NSI가 높은 탈지대두로부터 얻은 페이스트는 pH가 7이 아니면 매우 단단한 겔을 형성하지 않으나. NSI가 낮은 것은 pH6.5이하에서도 단단한 겔을 형성한다. 이러한 겔은 일단 건조한 중성의 분리대두단백에 적당한 양의 물을 넣어 으깨어 페이스트상태로 해서 가열한 경우에서도 도일하게 형성한다. 시판용으로는 건조분말상태로 제조되고 있다.

7 대두단백섬유

단백섬유를 식품에 이용한다는 것을 생각해 낸 것은 미국이고 Boyer의 특허가 발표된 것은 1952년도이다. 그 후 연구가 계속되어 1960년도에 실용화단계에 들어갔다. 그로 인해 미국에서는 고기를 사용하지 않는 햄, 베이콘 등이 이 이 단백섬유와 향신료, 색소, 결착제, 지방 등을 배합해서 만들게 되었다.

7.1. 대두 단백섬유의 제조법

대두단백섬유를 만들려면 앞에서 설명한 분리대두단백을 먼저 알칼리로 용해하여 방사액을 만든다. 이것을 경막에 뚫은 수천개의 적은 구멍을 통과시켜 식염을 함유한 초산용액 속으로 압출한다. 여기에서 단백질이 응고석출하면서 길게 분자를 어느 정도 한 방향으로 해 섬유를 형성한다. 이때의 섬유의 두께와 강도가 최종식품을 씹는 촉감 등을 좌우하게 됨으로 적당히 조절하고, 각각 목적하는 식품에 가장 적합한 두께와 강도를 선택할 필요가 있다.

섬유의 두께는 산 용액 중에 있는 격막의 구멍의 직경 즉 구경과 연신도(늘어나는)정도에 영향을 받는다. 구경은 0.00~0.008인치정도이고, 연신도는 50~400%(원래 섬유의 기리의 1.5~5.0배로 뻗는다)내외이다. 섬유 강도는 연신의 정도가 큰 영향을 미치고 , 늘어나는 것이(연신이) 클수록 분자배열이 강하게 진행됨으로 강도가 나온다.

그 외에 원료의 분리대두단백의 품질, 용해하는 알카리농도, 단백자신의 농도, 초산농도, 공존하는 염류의 여향을 받는다. 실의 두께는 구멍의 구경과 연신의 정도에 따라 다르나 20미크론 정도로 된다는 예가 있다. 제조조건의 한 예를 들면 단백질의 알카리로 용해할때의 농도는 10~0%, pH9.0 13.5, 용액의 점도는 35~45°C에서 1만~2만센치오아스라는 수치가 보고되어 있다. 단백이 섬유화가 일어나는 동안에 단백질의 변화과정은 알카리성에서 서부유니트로의 일부의 해열이 일어나고 분자 또는 서브유니트 사이에 S-S결합을 형성하면서 실을 형성한다고 한다.

7.2. 대두단백섬유로 육류와 같은 식품의 제조

위와 같이 만든 한줄 한 줄의 단백섬유는 격막의 구멍의 수에 따라 수천 개의 다발상태로 식염용액에 담가 경화시킨 다음 다발이 되어 근육다발과 같은 상태가 된다. 이것을 소재로 육제품과 같은 씹는 촉감이 같은 것을 만들 수 있다. 이들의 단일 또는 복합한 섬유를 다발로 하여 서로 결착시키기 위해 바인더를 사용할 필요가 있다. 여기에는 난백, 그 외에 열에 응고성이 있는 단백질 또는 전분, 덱스트린, 검, 알긴산염, CMC 등의 고분자물질을 사용하거나, 그리고 섬유를 알카리 또는 산으로 처리하여 표면을 다시 용해해서 이들의 결착력을 이용한다.

그리고 단백섬유만을 사용하여 고기를 사용하지 않고 고기와 같은 씹는 촉감을 가진 식품을 만들려면 여러 종류의 부재료가 필요하다. 먼저 먹을 때의 촉감을 부드럽게 하려면 식물성유지를 혼합하나, 여기에는 방사액에 지방을 유화시켜 섬유표면에 분산시킨다. 한편 색소, 조미료, 향신료를 섬유에 흡착시킬 필요가 있다. 이러한 물질은 어느 정도 섬유에 흡착시키지 않으면 입에 넣었을 때 빨리 용해되어 나오고, 색과 맛이 없는 섬유만 남아 있어 문제가 된다. 반면 흡착이 잘 되면 입에 넣어도 맛이 잘 나오지 않는다. 조리할 때 가열로 인해 분해되어 색과 맛, 향이 변화되어 문제가 된다. 그럼으로 적당한 것을 선택해야 하는 것과 섬유의 표면의 성질을 조절하는 것 등이 필요하다. 섬유는 이러한 착색, 조미, 향신료의 용액 중을 통과한 다음 로루압착, 액을 제거하여 그 목적을 달성시킨다.

그 다음으로 단백섬유에는 결착성단백질과 혼합, 성형으로 한 다음 가열하고, 적당한 형태로 절단하고, 건조 또는 냉장해서 제품으로 한다. 이미 설명한바와 같이 이러한 단백섬유만을 사

표 7-6 대두단백섬유를 원료로 한 식품의 조성(건조물 중%)

식품명	단백질	지방	회분
소고기와 같은 식품	40	58	2
되지고기와 같은 식품	36	61	3
닭고기와 같은 식품	49	48	2

▶ 탄수화물을 넣은 것도 있다.

용한 육류와 같은 식품은 미국에서는 건조한 형태로 만들고 있고, 일본은 냉동식품 형태로 시판되고 있다. 사용하는 식품첨가물은 식품위생법에서 허가된 것을 사용해야한다(표 7-6).

7.3. 소시지에 혼용하는 소재로서의 대두단백섬유

대두단백섬유를 육류소시지에 사용할 경우, 그 중 하나는 소시지 중에 있는 물과 지방의 분리가 어떻게 되는 것, 다시 말하면 결착성이 어떤가라는 것이고, 또 하나는 소시지의 단단하기가 어떻게 될가 하는 것이다. 유리수는 배합량이 20%의 경우는 10%보다 오히려 적고, 결착성면으로 보면 대조군보다 우수하다. 그리고 ㅌ스트로메터로 측정한 굳기와 응집성을 보면 배합량을 증가시킴으로서 어느 것이고 저하되고, 너무 과량을 사용하면 씹는 촉감이 본래의 소시지보다 멀어진다. 포크소시지의 경우는 20%까지 사용하는 것은 가능하다고 한다.

7.4. 대두단백섬유의 영양가

대두단백섬유의 원료는 분리한 대두단백임으로 그의 영양가는 서로 같다고 생각할 수 있다. 그러나 알카리에 녹임으로 이때의 pH가 너무 높아지거나 시간이 길어지면 아미노산의 파괴가 일어날 가능성이 있으므로 주의할 필요가 있다. 그리고 제품을 완성공정에서 가열조건이 너무 강하게 하면 조미료와 향신료가 반응을 일으켜 일부의 아미노산의 영양가 저하함으로 이러한 점도 생각할 필요가 있다. 분리대두단백의 아미노산조성은 탈지대두에 비교하면 필수아미노산 특히 황을 함유한 아미노산, 리신 등의 구성이 적지만 전체적으로는 좋은 아미노산의 공급원이다.

8 해면단백

분리대두단백을 알칼리에 녹이고, 가열한 다음 동결해서 영하 1~5℃에 냉장하면 단백질의 대부분은 해동한 다음 불용성화 되고, 가는 리본상태의 응고단백이 서로 엉켜있는 상태가 된다. 이것은 보수성이 높고 육류와 혼합해도 좋은 상태가 된다. 특히 너무 강한 처리를 하지 않으므로 아미노산의 파괴는 거의 없다는 특징을 갖고 있다.

9 조직화된 대두단백

9.1. 강한 물리적 처리에 의한 제조방법

탈지대두, 70%단백대두분, 분리대두단백 등을 물에 진한 혼합물상태로 해서 가열하면서 교반 압출 압연 등으로 강하게 물리적인 처리를 하여 단백질을 응고시키면 섬유단백으로 인하여 이로 씹는 촉감이 육류와 비슷한 촉감이 된다. 형성한다. 이를 건조한 경우도 조건을 잘 조절하면 물에 복원할 때 이로 씹는 촉감이 좋은 것을 만들 수 있다.이 방법은 단백섬유와 같이 공정이 복잡하지 않고 생산 원가를 낮게 만들 수 있음으로 탈지대두 또는 70% 단백대두분을 원료로 한 것이 시판 되고 있다. 이것을 가미하여 건조 동결하면 인스탄트 식품의 부원료로 사용할 수 있다. 그리고 소시지 등에도 혼합할 수 있다.

조직화대두단백을 제조하는데 사용하는 기계로 전처리 공정에서 가열된 시료는 강력하게 스크류에 의해 압출되면서 동시에 압력이 복원되어 건조된다. 원료 중에 대두단백은 변성되지 않은 것을 사용하여도 조직화하는 공정에서 가열에 의해 변성되어 불용성화 된다. 따라서 건조한 다음 물에 넣어 복원해도 조직을 유지한다. 원료를 탈지대두의 자체를 사용할 경우는 조직화가 끝난 다음 물로 세척하여 대두의 특수한 냄새를 제거 할 필요가 있다. 이 제품은 트립신저해물질 등의 생리유해물질은 열로 인하여 불활성화되고 단백질의 소화가 잘 됨으로 유아용으로 사용할 수 있고, 소맥분과 다른 것을 섞어 아미노산 조성의 균형을 좋게 만들 수 있다.

조직단백을 만드는 다른 방법은 탈지 대분을 물에 섞어 농후한 상태로 하고 이것을 급속하게 가열하면서 교반하는 방법이다. 탈지대두 중의 단백질은 교반하면서 가열하여 변성시켜 불용성화한다. 이렇게 함으로서 조직은 고정화되고 건조한 다음에도 물에 복원할 경우 이 조직은 깨지지 않고 그 되로 유지된다.

한 예를 들면 대두단백질에 물을 넣어 수분이 50~80% 되도록 하고, 이것을 교반기부터 있는 가압가열장치로 급속하게 200°C정도로 가열하면서 30~500rpm으로 교반한다. 적당한 수분이 될 때까지 건조해서 제품으로 한다. 그리고 탈지대두를 원료로 할 경우는 그의 8에 대해 물 10을 넣고 교반, 가열, 등의 같은 조건으로 처리해서 조직을 만든다.

9.2. 알긴산을 이용하는 제조방법

그 외에 조직화 또는 섬유화를 대두단백 그 자체로 하지 않고 알긴산을 사용하는 방법이 있다. 알긴산소듐은 수용액임으로 이 수용액에 대두단백질이 가용성인 것 또는 불용성인 것을 용해 또는 현탁시켜, 이것에 염화칼슘용액을 넣고 교반하면 알긴산은 알긴산칼슘이 되면서 불용성화와 동시에 조직화가 된다.

그리고 많은 수의 적은 구멍으로부터 염화칼슘용액 중에 압출하면서 압연시킴으로서 섬유를 형성한다. 이 경우 대두단백질은 용해할 필요가 있다. 어느 경우나 대두단백질은 알긴산의 조직 또는 섬유 중에 들어가게 됨으로 조직화 또는 섬유화된 대두단백질 원료로 된다. 이때 알긴산의 10배량 이상의 단백질을 함유하게 된다.

참고문헌

- Everyday 두부, 연세대학교음식디미방팀과 풀무원이 함께 개발한 건강중점두부 요리80
- 쇼구료갠규쇼 : 대두식품의 가공기술, p.5(1966)
- M. H. Stern etal : *J. Am. Chem. Soc.*, 69, 869(1947)
- J. Tosic etal : *Biochem. J.*, 39, 498(1945)
- M. H. Stern etal : *Ind. Eng. Chem. Anal. Ed.*, 19, 906(1947)
- L. Weisler etal : *Ind. Eng. Chem. Anal. Ed.*, 19, 906(1947)
- H.W. Pawlings etal : *J. Am. Oil Chemists Soc.*, 25, 24(1948)
- 타무라: 식품공업 10(16) (1967)
- 아키다니 등 : 식량연구소, 2, 83(1950)
- J. L. Cartter etal : *Oil and Soap*, 15, 41(1933)
- 사이오 등 : 일본식품공업 제17회 연구발표회요지, p3(1970)
- F. R. Earic etal : *Oil and Soap*, 15, 41(1938)
- O'Dell, B. L. etal : *Proc. Soc. Exp. Biol. and Med.*, 103, 304 (1960)
- 가이노내: 발효식품, p85, 교리스출판
- M. L. Scott eta : *J. B. C.*, 165, 65(1946)
- D. E. Bowman : *Pro. Soc. Expt. Bio. Med.*, 57, 139(1944)
- W. E. Ham etal : *J. B. C.*, 154, 505(1944)
- M. Kunitz : Science, 101, 668(1945)
- A. C. Elldridge etal : *J. Arch. Biochem. Biophys.* 115, 495(1966)
- R. F. Steiner : *Arch. Biochem. Biophys.* 115, 357(1966)
- K. S. Markley : Soybean and Soybean Products, Interscience Publisher Inc.(1950)
- A. M. Altschul: Processed Plant Protein Foodstuffs, Academic

Press(1958)

- A. M. Altschul : Proteinj-Its Chemistry and Politics, Basic Book, Inc.,(1966)
- 쇼쿠료갠규쇼 : 식량기보급실리스 제4호, 대두식품의 가공기술(1966)
- 쇼쿠료갠규쇼: 식량, 그의 과학과 기술, 제3호 두부의 제조기술(1959)
- 쇼쿠료갠규쇼 : 식량, 그의 과학과 기술, 제7호, 대두식품의 물성(1964)
- 쇼쿠료갠규쇼 : 식량, 그의 과학과 기술, 제10호 두부의 제조와 첨가물(1967)
- 미야시다 : 동두부의 역사, 전국동두부공업협동조합연합회(1962)
- 가도 : 식품냉동의 이론과 응용, 코린쇼인(1960)
- 아오기 : 단백질공업, 근대공업화학22, 아사구라서점(1967)
- 사쿠라이 : 종합식료공업, 고세이샤고세가그(1870)
- A. M. Altschul : Processed plant Protein Foodstuffs, Academic Press(1958)
- 아오키 : 단백질공업, 근대공업화학 22아사쿠라서점(소화42ㄴ)
- R. Noyes : Protein Food Supplements, Noyes Development Corporation(1969)
- 와타나배 등 : 대두식품, 고린샤(1971)

저자약력

■ 유주현

- 연세대학교 화학공학과 졸업
- 동경대학교 대학원 농예화학과 석사 박사과정수료. 농학박사학위 취득

[경력]

- 연세대학교 부총장, 대학원원장, 공과대학장, 식품생명공학과 교수. 현재 명예교수
- 미국 Purdue학교 생화학과 초빙교수
- 한국미생물생명공학회 회장, 한국식품과학회 부회장, 한국종균협회 이사장
- 보사부 식품위생심의위원
- 한국식품개발연구원 이사

[수상]

- 국민포장, 대통령표창, 서울특별시문화상, 일본농예화학회상, 한국산업미생물학회 학술상, 한국식품과학회 학술상

■ 여익현

- 연세대학교 식품공학과 졸업. 대학원 식품생명공학과 석사 박사과정 수료, 공학박사학위 취득

[경력]

- 삼양식품(주) 근무
- (주)풀무원 부사장, 식문화연구원 원장, 두부사업본부장, 생산본부장, SF마케팅실장
- 국제생명공학회 이사, 한국콩연구회 부회장. 한국종균협회 이사

건강식품 시리즈 3

콩 가공식품

2008년 8월 10일 초판인쇄
2008년 8월 21일 초판발행

지 은 이 · 유주현 · 여익현
발 행 인 · 김 홍 용
펴 낸 곳 · **도서출판 효 일**
주 소 · 서울특별시 동대문구 용두동 102-201
전 화 · 02) 928-6644
팩 스 · 02) 927-7703
홈페이지 · www.hyoilbooks.com
E-mail · hyoilbooks@hyoilbooks.com
등 록 · 1987년 11월 18일 제6-0045호

값 10,000원

ISBN 978-89-8489-249-1